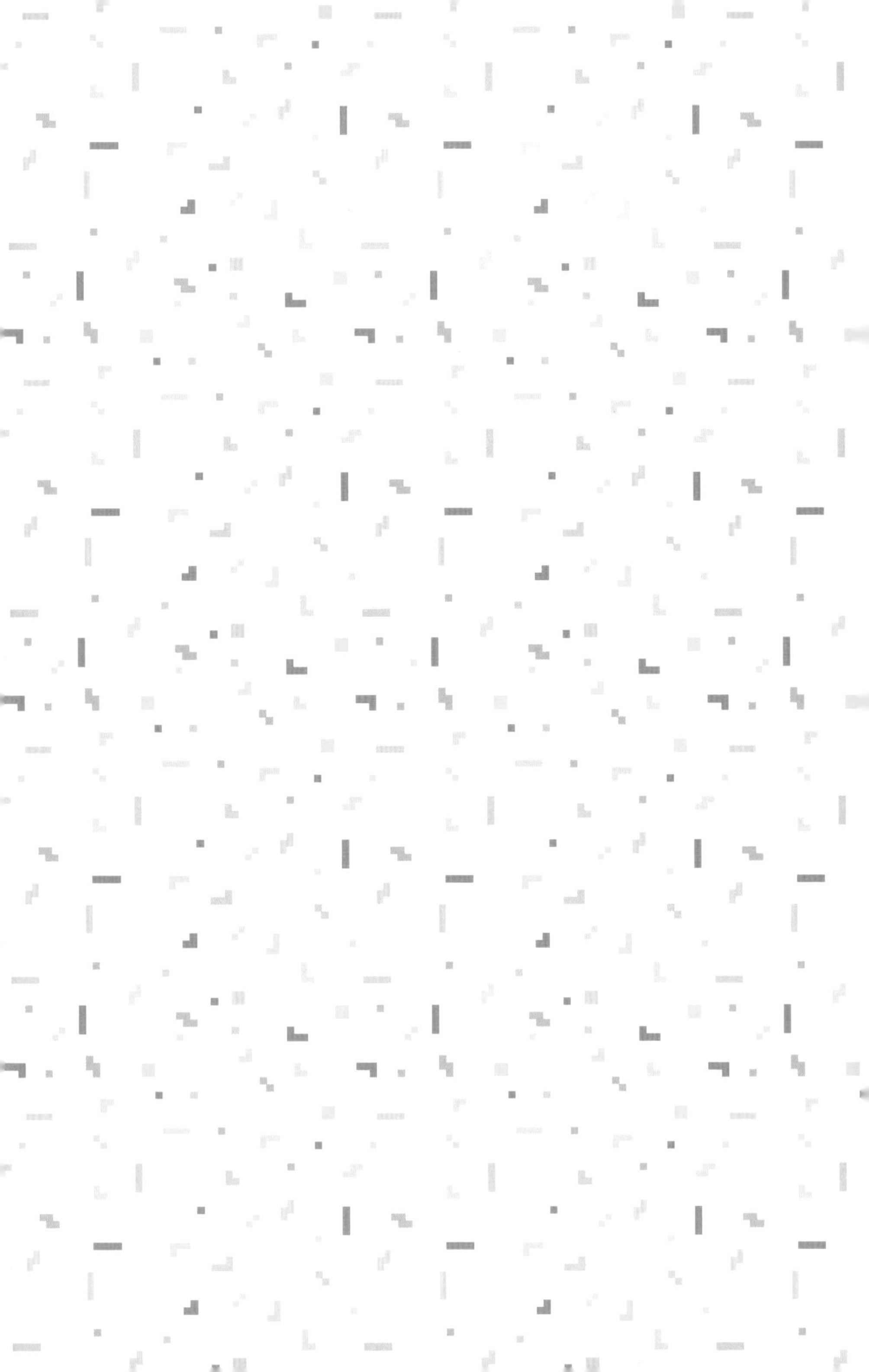

통계 모르고 뉴스 볼 수 있어?

다른

들어가며

통계는 우리에게 무엇일까요?

숫자를 보기만 해도 어렵다고 하는 사람들이 있습니다. 숫자가 들어간 표나 그래프를 보면 현기증이 난다는 사람도 있습니다. 통계의 '통' 자만 듣고 고개를 절레절레 흔드는 사람을 본 적도 있습니다. 그런데도 사회 현상을 알리는 수많은 뉴스나 기사에서는 통계 자료를 사용합니다. 그냥 말로 전하는 것보다는 숫자나 그래프 같은 통계를 보여 주면서 사회 현상의 문제점과 심각성을 전달하는 편이 더 정확하게 느껴집니다.

통계는 누군가를 설득하는 데 매우 좋은 도구입니다. 그러다 보니 복잡한 사회 현상이나 자연 현상을 설명하는 연구 보고서, 뉴스, 정부의 정책을 설명하는 브리핑 자료 등에서 통계를 자주 볼 수 있지요. 여기에 근사한 그래픽까지 곁들이면 더욱 매력적인 자료가 됩니다.

통계는 먼 옛날 왕이 다스리던 시대부터 중요하게 쓰였습니다.

동서양 어디든 인구 조사 같은 방법을 통해 통계를 내고, 이를 백성을 다스리는 자료로 활용했습니다. 오늘날에도 많은 전문가가 통계를 활용해 자신의 주장을 내세우지요. 여러분도 학교에서 토론할 때 무언가를 주장하거나 상대방의 의견을 꺾기 위해서 통계 자료를 사용해 보았을 거예요.

통계는 숫자로 표시되지만 실제로 그 숫자를 제시하면서 어떤 주장을 하는 주체는 사람입니다. 바로 우리지요. 그러다 보니 통계에서 숫자는 객관적인 자료로 존재하는 것이 아니라, 그 숫자를 활용하는 사람의 주장이나 관점에 따라 의미가 달라집니다. 예를 들어 볼까요?

어떤 사안에 대해 찬성과 반대 의견을 조사했다고 합시다. 50%가 찬성하고 50%가 반대했다고 생각해 볼까요? 이 경우에 다음과 같이 표현할 수 있습니다.

"국민의 50%나 찬성했습니다."
"국민의 50%만 찬성했습니다."
"국민의 50%나 반대했습니다."
"국민의 50%만 반대했습니다."

조사 결과로 나타난 통계에서 '50%'라는 수치는 동일하지만

'나', '만' 등의 표현에 따라 어감이 달라집니다. 그래서인지 통계는 거짓말이라는 비판을 받기도 하지요. 그러나 통계는 여전히 우리 일상에 큰 영향력을 미치는 주장의 근거로 사용됩니다. 통계의 사회적인 힘이 큰 만큼 우리는 통계를 제대로 이해하려고 노력해야 합니다.

이를 위해 무엇을 해야 할까요? 통계에서 사용되는 중요한 개념, 통계를 구하는 방법, 통계를 제시하는 방법, 통계를 분석하고 해석하는 방법 등을 알면 됩니다. 그러면 통계를 제대로 이해할 수 있을 거예요. 자, 이제부터 통계를 알아 가는 여행을 함께 떠나 볼까요?

차례

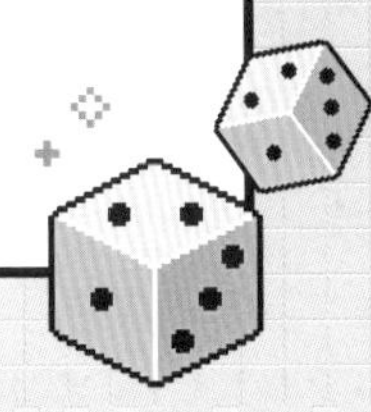

SECTION 1
연예 & 스포츠

연예인 부자가 많은 이유는?

가상인간 로지,

CF 모델이 되다

오디션 프로그램의 순위 조작은

어떻게 이루어졌을까?

모 야구선수,

구단 이적으로 몸값 상승하나?

오디션 프로그램의 순위 조작은 어떻게 이루어졌을까?

정확한 통계의 필요성

최근 한 TV 프로그램이 논란거리가 되었습니다. 오디션 프로그램에서 순위를 조작한다는 이야기가 나왔기 때문입니다. 시청자 의견을 명확하게 반영해 통계를 내는지 의혹이 불거지고 있습니다.

통계는 다양한 분야에서 사용됩니다. 여러분도 궁금한 통계가 있나요? 예를 들어 나와 같은 해에 태어난 사람은 몇 명이나 있을까요? 나와 신발 크기가 같은 사람은요? 우리나라 중학생들은 몇 년 주기로 핸드폰을 바꿀까요? 전국에 나와 학년이 같은 친구들은 보통 공부하는 시간이 얼마나 될까요?

정화네 모둠은 정확한 통계의 필요성을 조사하는 프로젝트를 진행하게 되었습니다. 모둠원들끼리 이런저런 이야기를 하다 보니 통계를 알면 좋은 점이 많겠다는 생각이 들었습니다. 그래서 정화네 모둠에서는 통계의 역사와 필요성, 통계를 사용하는 분야 등을 살펴보기로 했습니다. 우선 '통계'라는 표현이 들어간 뉴스 자료를 정리하니 다음과 같은 기사가 있었습니다.

- 통계로 살펴보는 대한민국 국민의 삶
- 올여름 더위, 기상 통계 작성 이후 가장 높아
- 사망자 수, 실제 발표와 달라… 통계 조작인가?

제목에 '통계'가 들어간 기사 중 가장 많이 등장한 자료는 통계청에서 발표한 통계 결과였습니다. 그리고 이러한 통계를 활용해 사회, 문화, 경제, 교육, 환경 등 다양한 분야의 사회 문제를 알린 경우도 많았습니다. 간혹 통계가 정확한지 문제를 제기하면서 통계를 잘못 설명했다고 밝히는 기사도 있었습니다. 이 기사들을 바탕으로 통계 전반에 관해 생각해 볼 만한 질문을 만들었습니다. 질문 목록을 같이 살펴봅시다.

❶ 통계는 언제부터 썼을까?

❷ 통계를 왜 만들까?

❸ 통계가 조작될 수 있을까?

❹ 통계를 어떻게 활용해야 할까?

#통계 #통계의_역사 #통계의_필요성
#통계_조작 #통계_활용 #상관관계 #인과관계

통계는 언제부터 썼을까?

통계는 집단적으로 나타나거나 반복해 나타나는 현상을 다양한 방식으로 조사한 뒤 사람들이 파악하기 쉽도록 숫자로 표현한 것을 말합니다. 사실 통계는 요즘 들어 만들어지기 시작한 것이 아닙니다. 인류의 역사에서 오래전부터 통계를 찾아볼 수 있습니다.

우리나라 통계청에서는 10년마다 전체 인구를 대상으로 다양한 조사를 진행합니다. 이를 '총조사'라고 합니다. 총조사는 통계를 내기 위해 기본적인 자료를 모으는 조사로, 센서스census라고도 합니다. 센서스라는 말은 로마 시대의 인구 조사에서 생겨났습니다. 성경을 보면 아우구스투스 황제의 명으로 호적 조사를 하러 가던 길에 예수가 태어나는 장면이 나옵니다. 그때는 5년마다 시민의 호적을 조사했습니다. 로마 시대 이전, 다윗 왕 시대 이스라엘에서도 인구 조사를 했습니다. 전쟁을 준비하면서 군사가 몇 명인지 확인하기 위해 인구를 조사하는 장면이 성경에 나오지요.

우리나라의 역사서에도 국가가 통계 기록을 관리했다는 증거가 남아 있습니다. 경주를 여행해 본 적이 있나요? 그렇다면 아마 첨성대에 가봤을 거예요. 첨성대는 '신라 시대에 별의 움직임이나 위치 등 천문을 관찰한 시설이 아닐까?'라고 짐작하는 곳입니다. 신라 시대에 첨성대에서 천문을 정기적으로 관찰했다면, 우리 조상들은 별의 위치와 별의 움직임에 대한 통계를 만들었을 것입니다. 또한 조선 시대에는 호패라는 신분증이 있었습니다. 호패를 만들어서 각 사람의 이름, 신분, 거주지 등을 정리했는데, 이를 통해서 어느 동네에 사람이 얼마나 사는지 통계를 작성할 수 있었습니다.

로마에서 진행한 호적 조사는 자유민의 가족 관계와 재산 등을 등록하는 것이 주된 목적이었습니다. 우리나라의 호패 기록도 비슷한 성격을 지닙니다. 다른 나라에서도 자국민의 가족 관계나 재산 등을 조사했다는 기록이 많이 나옵니다. 나라를 운영하는 데 쓸 세금을 거두고 군사를 동원하기 위해 통계가 필요했기 때문입니다.

과거의 조사나 통계 중에는 기후와 관련한 것이 특히 많습니다. 왜 그럴까요? 대부분이 농사를 짓는 농경사회였기 때문입니다. 농경사회에서 비와 눈, 덥고 추운 날씨 등은 농사에 큰 영향을 끼쳤습니다. 특히 농사를 짓는 데 필요한 물을 확보하기 위해서는 비가 오는 날을 파악하는 것이 매우 중요했습니다. 치수治水, 즉 물을 다스리는 일이 중요했기에 비가 온 날을 잘 기록해 두는 것은 필수적인 정치 활동이었습니다.

현대 복지국가에 접어들면서는 기후나 인구 외에도 다양한 조사가 이루어집니다. 주로 경제, 고용, 삶의 질 등 복지와 관련한 조사입니다. 오늘날 대부분 국가에서는 다양한 통계를 작성하고 관리하고 있습니다. 우리나라도 통계청이라는 행정 기관에서 중요한 통계를 조사하고 관리하지요.

오래전부터 나라에서 통계를 직접 관리한 이유는 무엇일까요? 통계를 작성하기 위해서는 관련 자료를 조사하고, 사람들이 조사에 응하도록 해야 합니다. 비용이나 시간이 많이 드는 일이었기 때문에 나라가 나서지 않으면 어려웠습니다. 그래서 중요한 통계는 나라에서 독점해 조사하고, 이를 바탕으로 만들어진 통계 자료를 비밀리에 관리했어요. 그러다 보니 일반인들은 찾아보기 어려웠지요.

그런데 요즘은 인터넷을 통해 다양한 조사를 접하고 통계를 만납니다. 개인도 통계를 만들어 내며, 통계를 이용할 수 있습니다. 과거와 달리 기후나 인구 말고도 다양한 주제에서 통계를 활용합니다. TV 오디션 프로그램의 우승자를 뽑기 위해서 사람들의 선호도를 조사하고 이를 바탕으로 순위를 정하는 것도 통계를 적용하는 방법입니다.

통계를 왜 만들까?

과거의 통계는 주로 백성을 통치하는 과정에서 필요한 정보를 얻기 위한 것이었습니다. 국민의 재산을 정확하게 파악해야 그들에게 적당한 세금을 부과할 수 있었습니다. 또한 국민을 전쟁에 동원하거나 이동을 통제하는 등의 활동에도 통계를 이용했습니다.

이렇게 보면 국가를 유지하는 데 필요한 자원을 마련하기 위해 통계를 사용했다는 사실을 알 수 있습니다. 그런데 개인도 통계를 접하는 오늘날에는 통계를 만드는 이유가 다양해지고 있습니다. 그 내용을 좀 살펴볼까요?

첫째, 통계가 있다면 어떤 판단을 하기 전 다른 사람의 생각이나 인식, 생활 모습을 파악하는 데 도움을 받을 수 있습니다. 이런 경우를 생각해 보세요. 처음 간 동네에서 친구들과 떡볶이를 먹기로 했습니다. 어디서 먹어야 할까요? 방법은 여러 가지입니다. 첫 번째는 지나가는 사람들에게 맛있는 떡볶이집을 아는지 물어보는 것입니다. 두 번째는 주변에 있는 떡볶이집 몇 군데를 찾아보고 손님이 많은 곳을 선택하는 것입니다. 세 번째는 인터넷 지도에서 떡볶이집을 검색하고 사람들이 높은 별점을 준 곳으로 가는 것입니다.

방금 이야기한 세 가지 방법은 오늘날 개인이 통계를 이용하는 대표적인 모습입니다. 한 사람이 아니라 여러 사람에게 “이 주변에 맛있는 떡볶이집이 있나요?”라고 물어보면 많은 사람이 응답하는 가게가 있을 것입니다. 그곳이 맛집일 가능성이 큽니다. 또한 여러 사람이 먹고 있거나 줄을 서서 기다리고 있다면 역시 맛집일 가능성이 큽니다. 별점이 높은 집도 마찬가지입니다.

이처럼 통계는 일상에서 개인이 무엇인가를 선택할 때 도움을 줍니다. 다수가 하는 것 또는 소수가 원하는 것 등 다른 사람의 생활을 조사한 자료가 있다면 의사 결정을 할 때 참고할 수 있습니다. 나와 비슷한 사람들의 생각이나 인식 등을 파악하는 데에도 도움을 줍니다. 이를 바탕으로 다른 사람과 비슷하게 또는 다르게 무엇인가를 결정할 수 있습니다.

둘째, 통계는 어떤 일이 일어났을 때 그 원인을 파악하는 데 도움을 줍니다. 예를 들어 현재 기후변화의 원인을 알고 싶다면 이와 관련해 과거부터 쌓인 통계 자료를 보면 됩니다. 산업혁명이 시작되던 18세기 후반부터 이산화탄소가 증가한 현상과 지구온난화 양상이 시간적으로 일치하는 것을 통계 자료를 통해 쉽게 확인할 수 있습니다.

셋째, 통계로 원인을 파악할 수 있는 만큼 해결 방안도 찾을 수 있답니다. 혹시 장미 도표에 관해 들어 봤나요? 로즈 다이어그램이라고도 부릅니다. 영국의 간호사였던 플로렌스 나이팅게일이 만든 통계표지요. 나이팅게일은 최초의 간호사로 알려져 있지만, 영국 왕립통계학회의 첫 여성 회원이기도 했습니다. 나이팅게일은 1854년 크림전쟁에 참여해 다친 군인들을 간호하면서 군인들의 사망 원인과 사망자 비율을 월별로 정리했습니다. 열두 달로 정리한 내용을 12개의 꽃잎처럼 그린 자료가 바로 장미 도표입니다.

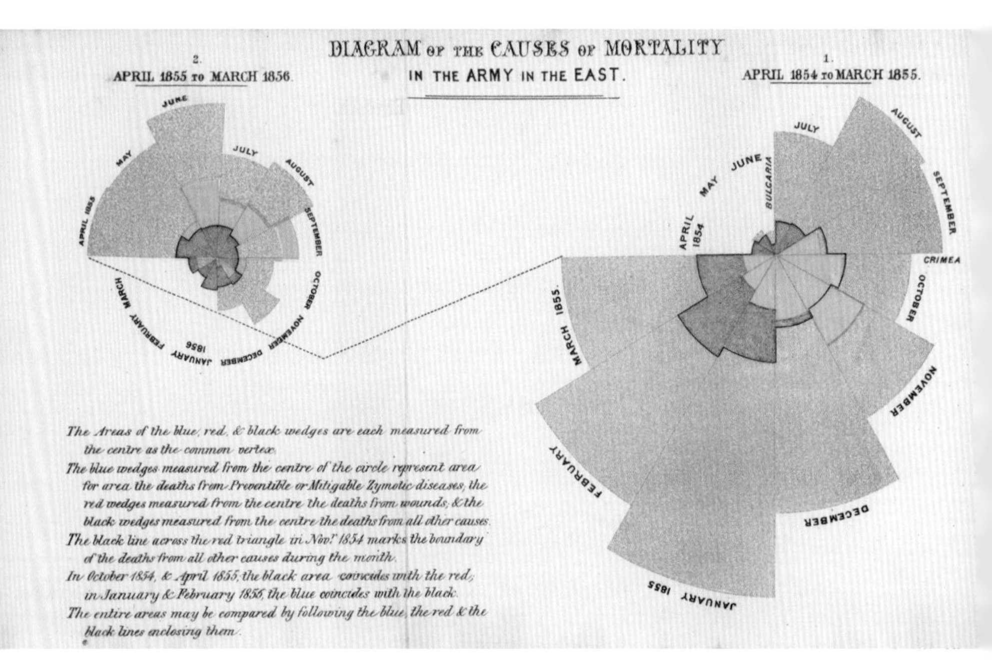

나이팅게일의 장미 도표

이 장미 도표를 보면 어느 계절에 어떤 병이 많이 생기는지를 알 수 있습니다. 꽃잎 크기가 크다면 그 달에 사망자가 많았다는 이야기입니다. 꽃잎 색깔은 사망 원인에 따라 달리했습니다. 이 간단한 도표는 군인들이 어느 시기에 어떤 병에 걸려 사망했는지를 알려주지요. 이를 통해 환자를 어떻게 치료할지 계획할 수 있다는 점이 중요합니다.

오늘날도 다양한 통계가 정책을 마련하는 데에 도움을 주고 있습니다. 예를 들면 우리나라에서는 지역별 범죄 통계 자료를 만듭니다. 통계적으로 밤에 범죄가 많이 일어나는 곳을 살펴봤더니 어둡고 사람들의 왕래가 적다는 특징이 있었습니다. 그렇다면 해결 방안은 무엇일까요? 해당 지역에 가로등을 많이 설치해서 밝게 하고 CCTV 개수를 늘리면 범죄를 예방할 수 있겠지요.

통계가 조작될 수 있을까?

지금까지 살펴본 내용을 짚어 볼까요? 통계는 개인의 일상생활을 편리하게 해줍니다. 또한 사회 현상의 원인을 파악하고 국가 정책을 펼치는 데 중요한 역할을 합니다. 그런데 TV 오디션 프로그램에서 시청자의 선호도를 조작하는 것처럼, 다른 분야에서도 통계를 조작하는 것은 아닌지 의문이 듭니다.

통계 조작을 의심하는 이유는 무엇일까요? 조사 결과를 수치로 표현하는 과정에서 조작이 일어날 수 있기 때문입니다. 통계 조작은 다음과 같은 두 가지 형태로 나타납니다.

첫째, 수치 자체를 조작하는 것이 아니라 통계 결과를 원래와 다르게 발표하는 형태입니다. TV 오디션 프로그램에서 순위를 결정하는 과정에 일어난 조작을 살펴볼까요? 오디션 프로그램에서는 대부분 사람들에게 문자 투표를 하게 하고 이를 반영해 우승자를 정합니다. 이 과정은 보통 생방송으로 중계됩니다. 이는 매우 중요한 전략으로, 시청률을 높이고 입소문을 통해 뉴스거리를 만들어 내는 과정입니다. 그런데 일부 프로그램이 문자 투표 결과를 그대로 반영하지 않고 조작해서 발표하는 문제가 있었습니다.

자, TV 오디션 프로그램에서 3명이 남은 상황을 가정해 볼까요? 이 경우에 문자 투표를 한 시청자들은 3명 중 1명을 지지하고 나머지 2명은 지지하지 않는다는 자료를 제공한 셈이지요. 문자 투표 자료를 모아서 통계를 내는 사람들이 있고, 통계 결과를 전달받아서 방송으로 내보내는 사람들이 따로 있습니다.

여기에서 순위를 조작했다는 것은 문자 투표의 결과를 바꾸어 발표한 것을 말합니다. 엄밀하게 말하면 통계를 만들어 내는 과정에서 조작한 것이 아니라 통계를 활용하면서 조작한 것입니다. 통계 조작이라기보다는 통계 활용에서 자신들의 필요에 따라 다른 결과를 발표한 것이지요.

둘째, 통계를 만들기 위해 필요한 기초 자료의 수치를 아예 조작하는 형태입니다. 다음은 기후변화 문제와 관련해 있었던 일입니다. 기후변화 협상가들이 중국의 2014~2016년 국내총생산GDP과 온실가스 배출량을 살펴본 결과, GDP는 증가했지만 온실가스는 늘지 않았습니다. 그래서 협상가들은 중국의 경제성장이 친환경

통계, 세상의 세 가지 거짓말 중 하나?

영국의 빅토리아 여왕 때 총리를 지낸 벤저민 디즈레일리는 "세상에는 세 가지 거짓말이 있다. 그럴듯한 거짓말, 새빨간 거짓말 그리고 통계다"라는 말을 했습니다. 이 말을 한 디즈레일리가 통계를 어떤 수준의 거짓말이라고 생각했는지 정확하게 파악하기는 어렵습니다. 다만 통계가 거짓말의 일종이라고 본 것은 분명합니다.

'그럴듯한 거짓말'은 보통 사람들이 듣고서 속을 만한 거짓말입니다. '새빨간 거짓말'은 아무도 속지 않기에 웃고 지나갈 수 있는 거짓말입니다. 그렇다면 통계는 어떤 거짓말일까요? 통계가 숫자로 제시된다는 점을 생각해 보면 '맞는 것 같지만 틀린 사실을 이야기하는 거짓말' 정도로 이해할 수 있을까요? 아니면 '정확해 보이지만 깊이 파고들면 틀린 내용을 말하는 거짓말' 정도로 이해해야 할까요?

통계가 거짓말이라는 말의 핵심은 통계를 완전히 믿지 말라는 것입니다. 숫자로 제시되어 정확해 보이지만 틀릴 수 있다는 점을 조심하라는 말이지요. 통계를 잘못 적용하면 논리적으로 옳은 것 같지만 거짓말이 될 수 있다는 점을 늘 기억하세요.

적으로 이루어졌다고 보았습니다. 그런데 알고 보니 이는 온실가스 배출량을 지역 관리들이 조작한 결과였습니다. 예산을 지원받기 위해서 경제성장에 관한 정보를 거짓으로 제출했고, 중국 정부는 잘못된 정보를 바탕으로 통계를 냈던 것이지요.

이처럼 누군가가 아예 잘못된 정보나 자료를 제출하면 전체 통계가 조작되는 일이 생깁니다. 통계를 계산하는 데 필요한 수치가 잘못 입력되면 전체 통계가 왜곡되는 것입니다. 그래서 많은 나라에서는 공식적으로 통계를 관리하는 정부 부처를 만들어 정확한 통계를 계산해 내기 위해 노력합니다.

통계를 어떻게 활용해야 할까?

2020년 코로나19가 전 세계적으로 크게 유행하기 시작했지요. 그러한 상황에서 한 신문사가 "최근 한 달간 한국의 신규 사망자가 2,300% 증가했다"라는 기사를 낸 적이 있습니다. 이 기사는 진실일까요, 거짓일까요? 자료를 확인해 보니 진실이지만 오해를 불러오는 표현이기도 합니다.

먼저 기사에 나온 통계를 보겠습니다. 2020년 11월 13일과 비교했을 때 한 달 사이에 한국의 신규 사망자가 2,300% 증가했다는 내용이었습니다. 자, 여기서 살펴보아야 하는 것은 2,300%라는 비율입니다. 이 비율은 어떻게 나왔을까요? 이 기사가 나올 즈음 한국의 코로나19 사망자 수를 살펴보죠. 2020년 11월 13일에 사망자가 1명이었는데, 12월 21일에 24명이 되었습니다. 이것이 기본 자료입니다. 해당 기사에서는 이를 비율로 환산하며 다음과 같이 계산했습니다. 사망자가 1명에서 24명으로 늘었으니 23명이 증가한 것입니다. 이 경우 비율을 구하기 위해서 증가한 수에 100을 곱한 후 이전 수로 나누었습니다. 23(증가한 수)에 100을 곱해 얻은 2,300을 다시 1(이전의 수)로 나누어 주면 2,300%라는 비율이 만들어집니다.

"11월 13일과 비교해 12월 21일에 코로나19 환자의 사망율이 2,300% 증가했다"라는 표현은 계산상으로는 맞는 이야기입니다. 그런데 이런 방식으로 계산한 통계가 의미 있는지 의문이 듭니다. '1명인 상황에서 변화한 값인 증가율이 의미 있는가?'라는 점을 고려해야 합니다. 이를 위해 다음의 주장을 비교해 보겠습니다.

[주장 1] 2020년 11월 13일에 코로나19에 감염된 환자 1명이 최초로 사망한 이후, 12월 21일까지 23명이 더 사망했다.

[주장 2] 2020년 11월 13일과 비교해 12월 21일 코로나19로 인한 사망자가 2,300% 증가했다.

두 주장 중에 코로나19로 사망하는 위험을 더 많이 느끼게 되는 것은 무엇인가요? 대부분 주장 1보다 주장 2를 들었을 때 위험성이 매우 커졌다고 생각하고 놀라게 될 것입니다.

이렇듯 통계가 정확하더라도 어떻게 해석하느냐에 따라 문제가 생길 수 있습니다. 어떤 의도를 품고 문제가 되는 방식으로 통계를 해석하는 경우도 있고, 자료를 정확히 이해하지 못해 잘못 해석하는 경우도 있지요.

통계 자료를 충분히 이해하지 못해 잘못 해석하는 대표적인 경우가 있습니다. 바로 상관관계와 인과관계를 오해하는 것입니다. 통계에서 **상관관계는 어떤 사항의 통계가 변화할 때 다른 사항의 통계도 동일하게 변화하는 모습을 보이는 것**을 말합니다. 반면에 **인과관계는 어떤 사항의 통계 변화가 원인이 되어 다른 사항의 변화를 이끌어 내는 것**을 말합니다. 자, 지역에서 발생한 화재 관련 통계를 볼까요?

구분	A 지역	B 지역	C 지역	D 지역	E 지역
출동한 소방차 수	100대	50대	30대	20대	10대
화재 피해액	100억 원	45억 원	26억 원	18억 원	9억 원

표 1. 1년간 지역별 소방차 출동 대수와 화재 피해액

[표 1]을 바탕으로 누군가가 '출동한 소방차의 수가 많은 지역일수록 화재 피해액이 더 크다'라고 주장했습니다. 옳은 주장일까요? 다섯 지역에서 출동한 소방차 수와 화재 피해액을 보면 비례관계,

즉 한쪽의 수가 증가하면 다른 쪽의 수도 같이 증가하는 관계를 보입니다. 그렇다고 해서 출동한 소방차의 수가 많은 지역일수록 화재 피해액이 더 크다고 주장할 수는 없지요. 상식적으로 맞지 않다는 것을 우리는 압니다. '출동한 소방차 수'나 '화재 피해액' 모두 화재 건수나 화재 규모에 의해서 결정되는 값입니다. 이 점에서 둘 사이에 상관관계는 있지만, 인과관계는 없다고 할 수 있지요. 왜냐하면 출동한 소방차의 수는 화재 피해액의 규모를 결정하는 원인이 아니기 때문입니다.

따라서 통계를 활용한 주장을 대할 때는 제일 먼저 인과관계를 잘 설명하는지 살펴보아야 합니다. 통계 수치만 보지 말고, 통계로 주장하는 것이 논리적으로 옳은가를 파악해야 합니다. 더불어 통계가 제시될 때 그 내용을 그대로 받아들일 것이 아니라 제시된 통계가 만들어진 과정, 통계의 출처 등을 정확하게 살펴야 합니다. 앞으로 나올 다양한 내용을 읽으면서 통계에 속지 않고 정확하게 파악하는 방법을 같이 생각해 봅시다.

토론해 볼까요?

- 통계는 거짓말일까? 아니면 논리적인 증거 자료일까?
- 통계 조작을 범죄라고 보아야 할까?

연예인 부자가 많은 이유는?

모집단과 표본

연예인의 삶을 관찰하는 예능 프로그램이 늘어나면서 그들이 사는 집이 방송에 소개되곤 합니다. 다 그런 것은 아니지만, 연예인의 집은 규모가 크고 부자 동네에 있는 경우가 많습니다. 연예인이 타고 다니는 차도 비싼 것이 대부분이고요.

그래서인지 '연예인은 부자다'라는 생각을 많이 합니다. 미래 직업으로 연예인을 꼽는 청소년도 많습니다. 연예인이 되고 싶은 이유로 자유로운 생활과 스타의 멋진 삶 등을 이야기하지만, 사실 연예인의 부유한 삶을 동경하는 경우가 많은 것 같습니다.

정화네 모둠에서는 '연예인 부자'라는 표현이 들어간 뉴스 자료를 먼저 읽고, '희망 직업 연예인'이라는 표현이 들어간 기사를 찾아보기로 했습니다. 자료를 정리하니 다음과 같은 기사를 볼 수 있었습니다.

- 연예인 ***, 수억 원대 아파트 구입
- 연예인 *** 건물 부자, 가격은?
- 청소년 희망 직업… 전문직보다는 연예인…

정화네 모둠은 연예인의 실제 삶을 알아보기 위해 TV에 나오는 연예인이 전체 연예인을 대표하는지 찾아보기로 했습니다. 이를 위해 각

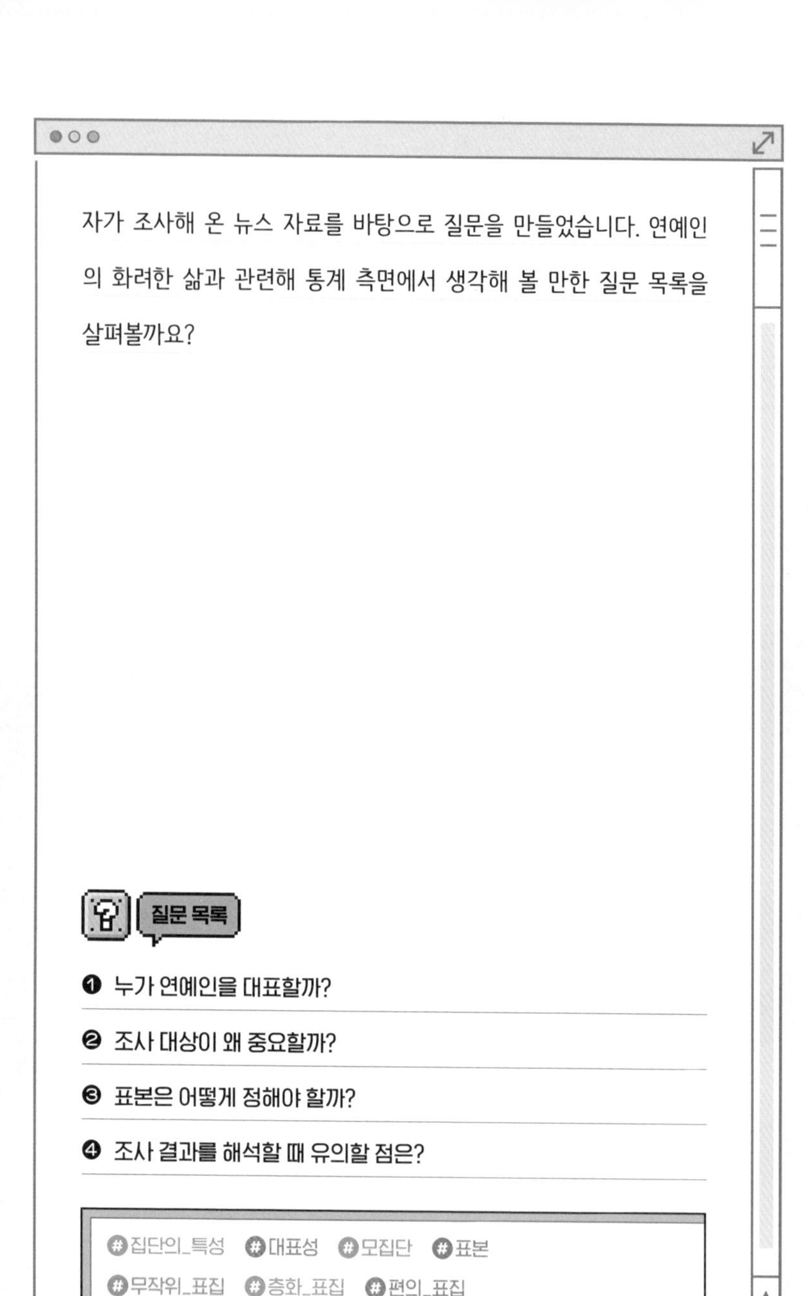

자가 조사해 온 뉴스 자료를 바탕으로 질문을 만들었습니다. 연예인의 화려한 삶과 관련해 통계 측면에서 생각해 볼 만한 질문 목록을 살펴볼까요?

질문 목록

❶ 누가 연예인을 대표할까?

❷ 조사 대상이 왜 중요할까?

❸ 표본은 어떻게 정해야 할까?

❹ 조사 결과를 해석할 때 유의할 점은?

#집단의_특성 #대표성 #모집단 #표본
#무작위_표집 #층화_표집 #편의_표집

누가 연예인을 대표할까?

TV에 나오는 연예인을 생각하면 어떤 이미지가 떠오르나요? 스타, 화려함, 부자, 인기, 멋진 외모 등등 대부분 비슷할 것입니다. 그런데 이런 이미지는 어떻게 만들어졌을까요? 관찰 예능 프로그램에 나오는 연예인의 모습이나 기사로 접하는 연예계 소식에서 연상된 것이지요.

우리가 TV나 기사에서 접하는 연예인은 몇 명쯤 될까요? 생각나는 연예인 이름을 한번 세어 보세요. 아무리 많아도 100명이 채 되지 않을 거예요. 그러면 우리나라의 연예인은 실제로 전부 몇 명이나 될까요? 정확하게 알 수 없습니다. 연예인이라는 직업이 가수, 탤런트, 영화배우, 코미디언까지인지 아니면 요즘 프리랜서로 활동하는 아나운서까지 포함해야 하는지 등 그 개념을 정확하게 파악하기 어렵기 때문이죠.

연예인 수와 관련된 자료를 한번 찾아보았습니다. 가수의 경우 2019년 대한가수협회에 등록된 회원이 4,000여 명입니다. 또한 주로 TV 드라마에 출연하는 연기자 모임인 사단법인 한국방송연기자협회 회원은 2022년 2월 기준으로 1,850명입니다. 영화에 출연하는 배우 모임인 사단법인 한국영화배우협회 회원은 2018년 2월 기준으로 1,200여 명입니다. 코미디언이 소속된 사단법인 대한민국 방송코미디협회의 회원은 2021년 11월 기준으로 1,000여 명입니다.

제시된 연도가 분야마다 달라서 전체를 구하는 데에 문제가 있기는 하지만, 다 합하면 8,000여 명입니다. 방송연기자와 영화배우가 겹치는 경우를 생각하면 일부를 빼야 하지만, CF 활동을 하는 연예인이나 아나운서 등 다른 분야를 포함하지 않은 것을 고려해 보겠습니다. 그러면 현재 우리나라 연예인은 8,000명이 넘는다고 미루어 생각할 수 있습니다.

이 8,000여 명 중에서 연예인의 이미지를 만들어 내는 데 영향을 준 연예인이 100명 정도라고 해볼까요? 우리는 80명 중에서 1명, 즉 1.25%를 보고 연예인의 이미지를 만들어 낸 셈입니다. 더 나아가 이런 생각도 해볼 수 있죠. '방송 활동이 활발한 정도를 따지면 방송에서 자주 보이는 연예인들은 상위 집단일까? 아니면 하위 집단일까?' 사실 우리가 방송에서 자주 보는 연예인들은 많은 활동을 하면서 인기를 누리고 큰돈을 버는 일부입니다. 연예인 중에서도 상위 1% 수준에 있는 사람들을 보면서 연예인의 이미지를 만든 것이죠.

그렇다면 연예인의 삶을 전체 연예인의 실제 모습과 가깝게 이해하려면 어떻게 해야 할까요? 방송 활동이 활발한 인기 연예인 말고도 다양한 연예인들의 삶, 특히 소득이나 재산 등을 파악하고 이들의 활동도 살펴보아야 합니다.

2017년 제53회 백상예술대상 시상식에서는 마지막 축하 무대에 33명의 단역 배우들이 나왔습니다. 이 배우들은 〈꿈을 꾼다〉라는 노래를 부르며 연예인의 삶에 대한 새로운 모습을 보여 주었지요. 단역 배우도 당연히 연예인인데, 우리는 그들의 삶을 제대로 알지 못합니다. 그들을 보며 연예인의 이미지를 만들어 내지도 않습니다. 우리가 생각하는 연예인의 이미지는 일부 연예인, 그것도 매우 성공한 일부를 전체인 것처럼 보는 오류입니다. 이런 오류를 만들지 않으려면 어떻게 해야 할까요?

조사 대상이 왜 중요할까?

앞에서 살펴본 연예인의 경우, 어떤 사람이 연예인에 포함되는지 그 범위를 정확하게 정하기 어려웠습니다. 그러나 통계에서는 특정 집단을 조사할 때 조사 대상이 되는 집단의 범위를 명확하게 정해야 합니다.

예를 들어 보겠습니다. 여러분이 다니는 중학교 3학년 학생의 공부 시간을 조사한다고 해봅시다. 이 경우에 조사 대상은 조사하는 그 시점에 여러분이 다니는 중학교에 재학 중인 3학년 학생입니다. 이처럼 어떤 집단을 조사 대상으로 삼는 경우에는 집단의 범위를 명확하게 정하는 것이 중요합니다.

다른 예를 살펴볼까요? 우리나라 국민의 인터넷 이용 정도를 조사한다고 해봅시다. 이 경우에 조사 대상은 우리나라 국민입니다. 더 정확하게 말하면 조사 시점에 '한국 국적을 가지고 대한민국에 거주하는 사람'으로 정의할 수 있습니다. 이처럼 어떤 집단을 조사할 때 가장 중요한 것은 조사 대상을 특정하고 그 집단의 개념을 명확하게 정의하는 것입니다.

그렇다고 다 끝나는 것은 아닙니다. 어떤 내용을 조사하기 위해서 그 집단을 선정하는 것이 맞는지를 판단해 보아야 해요. 인터넷 이용 정도를 조사하면서 모든 국민을 대상으로 삼으면 무슨 문제가 있을까요? 네, 대한민국 국적을 가졌지만 태어난 지 얼마 안 되어 인터넷을 이용해 보지 않은 아기들이 조사 대상에 들어가면 내용이 잘못될 수 있습니다. 이 경우에는 인터넷을 이용하는 최저 연령을 고려해 조사 대상을 정합니다. 인터넷 이용과 관련한 조사에서는 보통 13세 이상의 국민을 대상으로 합니다.

자, 조사 대상이 정해졌습니다. 이제 조사를 바로 시작해도 될까요? 그렇지 않습니다. 다음을 생각해 보지요. 여러분이 다니는 학교에서 3학년 학생의 한 달 용돈을 조사한다면 3학년 학생 전체를 대상으로 할 수 있습니다. 중학교에서 3학년 학생 수는 아무리 많아도 1,000명이 넘지 않을 것이고 학교에 모이는 시간이 같기 때문에 조사 대상을 모두 조사할 수 있습니다.

반면에 13세 이상 국민이 조사 대상이라면 어떻게 해야 할까요? 이렇게 대상이 많으면 모두를 조사하는 데 비용도 많이 들고 쉽지 않습니다. 그래서 전체 대신 일부만 조사하는 방법을 생각하게 됩니다. 이때 중요하게 고려해야 할 사항이 있어요. 바로 모집단과 표본을 구분하는 일입니다.

어떤 조사를 할 때, **모집단은 조사 대상이 되는 집단 전체**를 말합니다. **표본은 모집단 전체를 조사할 수 없어서 대신 선정한 집단으로, 모집단을 대표할 수 있는 일부**를 말합니다. 실제 조사에서 **모집단 전체를 조사하는 경우를 전수 조사**라고 하고, **표본을 정해서 조사하는 것을 표본 조사**라고 합니다. 오늘날에는 전수 조사보다는 표본 조사를 하는 것이 일반적입니다. 모집단의 대표성을 잘 살리면 표본 조사만으로도 모집단을 조사한 것과 같은 효과가 있기 때문이죠.

문제는 '모집단의 대표성을 잘 살릴 수 있는 표본을 어떻게 선정할까?'입니다. 앞에서 우리가 살펴본 연예인의 예를 다시 보죠. 방송에 자주 나오는 몇몇 연예인의 삶만 보고 전체 연예인의 삶이 다 그럴 것이라고 이야기한다면 이는 '대표성이 없다'고 보아야 합니다. 대표성이 없는 일부 집단을 보고 그들이 속한 전체를 이야기한다면 통계에 오류가 생깁니다. 그러니 어떤 집단에 대해 이야기하려면, 그 속에 담긴 표본이 해당 모집단의 대표성을 잘 보여 주는지 살펴보아야 합니다.

표본은 어떻게 정해야 할까?

표본이 대표성을 띤다는 말은 표본으로 선정된 집단이 모집단과 아주 비슷하다는 말이지요. 자, 우리 중학교 3학년 학생의 인터넷 이용 시간을 조사한다고 해봅시다. 이 경우 모집단은 우리 중학교에 재학 중인 3학년 학생 전체가 됩니다. 모집단이 아니라 표본을 통해서 조사하는 방법을 살펴볼까요? **모집단에서 표본을 선정하는 것을 표집**이라고 합니다.

3학년 학생은 12개 반에 전체 400명(남학생 200명, 여학생 200명)입니다. 이 중에서 48명만 선택해서 표본 조사를 하기로 했습니다. 이때 표본은 어떻게 정할까요? 표본을 정하는 방법을 몇 가지 살펴봅시다.

[1안] 쉬는 시간에 3학년이 지나가면 조사를 부탁하고 응답하겠다고 하는 학생 48명을 조사한다.

[2안] 학교 게시판에 공고를 내고 정해진 시간과 장소에 오는 48명

의 3학년 학생을 선착순으로 조사한다.

[3안] 전체 3학년 학생을 여학생과 남학생으로 나눈 뒤 각각 24명씩 무작위로 뽑아서 조사한다.

[4안] 3학년 12개 반에서 반별로 학생의 번호를 잘 섞은 뒤 무작위로 4명씩 뽑아서 나온 48명의 학생을 조사한다.

[5안] 1반부터 12반까지 3학년 학생의 출석부 번호를 하나로 모은 다음, 순서대로 각 학생에게 1부터 400까지 번호를 붙여 준다. 그 후 1번부터 400번까지 번호를 적은 종이를 큰 상자에 넣고, 48개만 뽑는다. 뽑힌 번호에 해당하는 학생을 대상으로 조사한다.

앞에서 이야기한 표집 방법을 순서대로 살펴볼까요?

1안은 **표본의 대표성을 고려하지 않고 조사하는 사람이 편리한 방법으로 표본을 구성하는 편의 표집**입니다. 응답을 듣기 좋은 사람만을 조사하거나 응답하겠다는 사람만 조사하는 것이기에 일부 의견만 반영되어 대표성이 없습니다.

2안은 선착순으로 대상을 구하는 방법입니다. 이 또한 편의 표집에 속합니다. 이렇게 하면 비슷한 성향을 가진 친구들이 짝을 지어서 오거나, 특정 반 또는 성별의 학생만 모일 수 있습니다. 이런 방식으로 선정한 표본은 모집단을 대표한다고 말하기 어렵습니다.

3안과 4안의 경우는 층화 표집이라고 볼 수 있습니다. **층화 표집은 어떤 집단을 먼저 구별한 후 다시 그 안에서 무작위로 표본을 구하는 방법**입니다. 일정한 특성을 고려해 집단을 2개 이상의 층으로 나눠 표본을 구합니다. 여기서 제시한 것은 층화 표집을 아주 단순하게 설명한 것인데, 실제로는 조금 더 복잡한 방법을 사용합니다. 나름 대표성을 띠는 표집입니다.

5안의 경우는 **무작위 표집이라고 합니다. 모집단 중에서 무작위로 표본을 뽑아 우연에 따라 모집단의 사람들을 다양하게 모으는 방법**입니다. 다른 말로 무선 표집이라고도 하는데, 이 방법으로 선택된 표본은 모집단을 가장 잘 대표한다고 볼 수 있습니다. 표본을 무작위로 뽑았다고 하는 것은 조사자가 의도를 가지고 특정 사람을 뽑지 않았다는

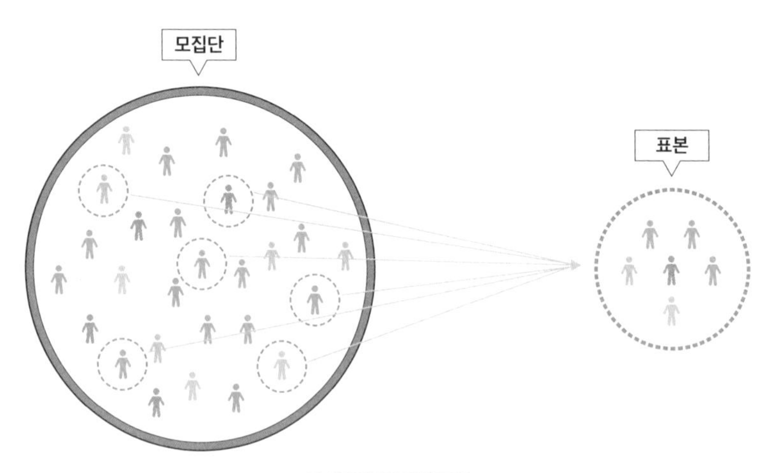

이상적인 무작위 표집

뜻입니다. 우연히 선정된 것이니 가장 대표성이 있지요. 무작위 표집을 할 때는 왼쪽 그림과 같은 경우가 나타나길 기대한다고 볼 수 있습니다.

미국의 유명 잡지가 망한 이유는?

대통령이나 국회의원 선거를 앞두고 당선자를 예측하거나 지지율을 파악하는 예측 조사를 합니다. 선거의 예측 조사는 미국에서 시작되었습니다. 1900년대 초반 〈리터러리 다이제스트〉라는 인기 잡지가 있었습니다. 이 잡지는 전국의 독자를 대상으로 대통령 선거에서 누구를 뽑을지를 조사했고, 무려 네 번의 대통령 선거에서 당선자를 정확하게 예측했습니다.

〈리터러리 다이제스트〉는 1936년 대통령 선거에서도 1,000만 명을 대상으로 예측 조사를 했습니다. 그리고 공화당 후보인 앨프리드 랜던이 지지율 57%로 당선될 것이라고 밝혔지요. 그런데 실제 선거에서는 민주당 후보인 프랭클린 루스벨트가 60%를 넘는 득표율로 당선되었습니다. 이 일로 〈리터러리 다이제스트〉는 신뢰를 잃고 결국 회사도 망하게 됩니다. 반면에 루스벨트가 대통령에 당선될 것이라고 예측했던 '갤럽'이라는 회사는 그 후 아주 유명해졌고, 지금까지 선거 예측 조사를 비롯한 다양한 여론 조사를 하는 기관이 되었습니다.

여러 차례 정확한 예측을 했던 〈리터러리 다이제스트〉가 1936년 대통령 선거에서는 왜 잘못된 예측을 했을까요? 표본을 잘못 선정했기 때문입니다. 〈리터러리 다이제스트〉는 구독자, 전화번호부, 자동차를 가진 사람의 명부 등을 활용해 표본을 선정했습니다. 1920년대 후반 대공황으로 미국 사회에 경제적 어려움이 생겼다는 점을 놓친 것이지요. 1936년 당시에 잡지를 구독하거나 유선 전화, 자동차를 가진 사람들은 대부분 부자였습니다. 〈리터러리 다이제스트〉는 1936년 예측 조사에서 부유층만을 대상으로 표집했기에 유권자 전체를 대표하는 표본을 구하지 못한 것입니다. '대표성이 없는' 표본으로 진행한 예측 조사가 몰락을 불러왔다고 할 수 있죠.

반면에 조지 갤럽이라는 사람이 세운 갤럽은 5만 명 정도의 표본을 활용했습니다. 대표성을 확보하기 위해 남성과 여성을 구분하고 다시 연령을 구분하는 방식으로 선거권을 가진 모집단의 특성을 반영해 표본을 구성했습니다. 〈리터러리 다이제스트〉와 달리, 갤럽은 모집단의 대표성을 잘 반영한 표본을 선택한 것이죠. 오늘날에는 갤럽이 만든 방식을 적용해 예측 조사를 실시하고 있습니다.

조사 결과를 해석할 때 유의할 점은?

집단을 조사하는 이유는 무엇일까요? 일반적으로 조사 내용을 바탕으로 집단의 특성을 통계적으로 정리하기 위해서입니다. 어떤 집단을 조사한 경우에 표본의 대표성이 높으면 조사 결과를 모집단에 적용해서 설명할 수 있습니다.

자, 우리 학교 3학년 학생 중 48명을 무작위로 뽑아 인터넷 이용 결과를 조사했다고 해보죠. 학생들은 다음과 같은 질문에 응답했습니다.

Q. 인터넷을 이용한 이후 생활 변화에 대해 답해 주세요.

① 생활이 편리해졌다　② 이전과 비슷하다

③ 생활이 불편해졌다　④ 잘 모르겠다

조사 결과를 통계로 정리하니 다음과 같은 표가 나왔습니다. [표 1]은 48명의 응답 결과를 그대로 적은 것입니다. 이를 성별과 전체의 비율로 바꾸면 [표 2]가 나옵니다.

구분	남학생	여학생	전체
생활이 편리해졌다	17명	20명	37명
이전과 비슷하다	5명	2명	7명
생활이 불편해졌다	2명	1명	3명
잘 모르겠다	1명	0명	1명
전체	25명	23명	48명

표 1. 인터넷 이용에 따른 생활 변화에 대한 성별 인식

구분	남학생	여학생	전체
생활이 편리해졌다	68%	87%	77.1%
이전과 비슷하다	20%	8.7%	14.6%
생활이 불편해졌다	8%	4.3%	6.3%
잘 모르겠다	4%	0%	2.1%
전체	52.1%	47.9%	100%

표 2. 인터넷 이용에 따른 생활 변화에 대한 성별 인식 비율

[표 2]에서 각 칸의 비율이 어떻게 계산되어 나왔는지 살펴볼까요? 첫째, [표 2]에서 남학생 밑으로 있는 세로 칸('열'이라고 합니다)의 비율은 [표 1]에서 같은 칸의 값에 (비율을 구하기 위해) 100을 곱한 후 제일 마지막 칸에 있는 전체(25)로 나눈 것입니다.

예를 들어 [표 2]에서 남학생의 '생활이 편리해졌다'는 [표 1]의 17에 100을 곱한 값인 1,700을 25로 나눈 68%입니다. 이 방식으로 남학생의 세로 칸, 여학생의 세로 칸, 전체의 세로 칸에 해당하는 비율을 구할 수 있습니다.

둘째, [표 2]에서 가로 칸('행'이라고 합니다)의 제일 마지막에 있는 값은 [표 1]에서 같은 칸에 있는 남학생, 여학생, 전체의 값에 100을 곱한 뒤 가로와 세로가 만나는 전체의 값(48)으로 나누어 얻은 비율입니다.

이제 조금 다른 생각을 해볼까요? 우리는 [표 1]에서 남학생 25명, 여학생 23명으로 남학생이 여학생보다 더 많다는 것을 이미 알고 있습니다. 만약 남학생과 여학생이 각각 총 몇 명인지 모를 때는 어떻게 할까요? 남학생과 여학생 중 어느 성별이 더 많은지 알 수 있을까요?

자, 이렇게 생각해 봅시다. 만약에 남학생과 여학생의 수가 1:1로 각각 24명이라면 '생활이 편리해졌다'라고 답한 남학생 비율인 68%와 여학생 비율인 87%를 더해서 2로 나눴을 때 전체 비율인 77.1%가 나와야 합니다. 그러나 실제로 두 비율을 더해 2로 나눈 값은 77.5%입니다. 남학생과 여학생의 수가 24명씩 1:1이 아니라는 뜻이지요.

또한 현재 전체 비율인 77.1%는 남학생과 여학생의 수가 1:1일 때 나와야 하는 비율인 77.5%보다 작습니다. 이는 비율이 낮은 집단의 영향을 더 많이 받아서 전체 비율이 결정되었다는 뜻입니다. 결국 비율이 낮은 집단의 수가 더 많다는 이야기가 되지요. '생활이 편리해졌다'라고 답한 남학생 비율은 68%로, 여학생 비율인 87%보다 낮습니다. [표 1]을 보다시피 남학생이 여학생보다 수가 더 많다는 것을 알 수 있지요.

자, 그러면 [표 2]의 내용을 분석해 보죠. 다음과 같이 다양하게 분석할 수 있습니다.

"조사 대상 중에서 남학생은 '생활이 편리해졌다'에 68%가, '이전과 비슷하다'에 20%가, '생활이 불편해졌다'에 8%가, '잘 모르겠다'에 4%가 응답했다."

"'생활이 편리해졌다'에 남학생은 68%, 여학생은 87%가 응답해 인터넷 이용이 생활에 편리함을 준다고 응답한 비율은 남학생보다 여학생이 더 높다."

더불어 이 조사에서 48명의 3학년 학생을 표본으로 선정할 때 대표성을 확보했다면 이렇게 분석해도 됩니다.

"우리 학교 3학년 남학생은 '생활이 편리해졌다'에 68%가, '이전과 비슷하다'에 20%가, '생활이 불편해졌다'에 8%가, '잘 모르겠다'에 4%가 응답했다."

"우리 학교 3학년 중에서 '생활이 편리해졌다'에 남학생은 68%, 여학생은 87%가 응답해 인터넷 이용이 생활에 편리함을 준다고 응답한 비율은 남학생보다 여학생이 더 높다."

이제 조금 어려운 내용으로 넘어가 보겠습니다. 모집단과 표본을 배웠으니 통계를 해석하는 문제를 같이 풀어 보겠습니다. 만약에 너무 어려우면 그냥 넘어가도 됩니다.

Q. 아래 표는 A국의 SNS 이용자를 대상으로 정보화 영향에 관한 인식을 조사한 것이다. 이에 대한 옳은 분석만을 〈보기〉에서 있는 대로 고른 것은? (단, 무응답 없음)

(단위: %)

구분		인간관계가 증가했다			과소비가 증가했다		
		그렇다	이전과 비슷하다	그렇지 않다	그렇다	이전과 비슷하다	그렇지 않다
2015년	20대 이하	78.2	10.1	11.7	63.6	14.7	21.7
	30~40대	82.5	11.1	6.4	71	14.1	14.9
	50대 이상	86.7	9.6	3.7	78.1	12.6	9.3
2020년	20대 이하	68.2	17.1	14.7	47.3	25.2	27.5
	30~40대	73.6	15.3	11.1	55.9	22.1	22
	50대 이상	82.8	11.4	5.8	67.3	18.5	14.2

〈보 기〉

ㄱ. 2015년의 경우, 40대 이하의 연령에 해당하는 응답자 중에서 '과소비가 증가했다'에 '그렇지 않다'라고 응답한 비율은 36.6%다.

ㄴ. 2015년의 경우, 30~40대 연령에 해당하는 응답자 중에서 '인간관계가 증가했다'에 '이전과 비슷하다'와 '그렇지 않다'라고 응답한 비율은 17.5%다.

ㄷ. 2020년의 경우, 50대 이상 연령에 해당하는 국민 중에서 '과소

비가 증가했다'에 '그렇지 않다'라고 응답한 비율은 15% 미만이다.

ㄹ. 2020년의 경우, '인간관계가 증가했다'에 '그렇다'라고 응답한 사람의 수가 '과소비가 증가했다'에 '그렇다'라고 응답한 사람의 수보다 많다.

① ㄱ, ㄷ ② ㄴ, ㄹ ③ ㄱ, ㄴ, ㄷ ④ ㄱ, ㄴ, ㄹ ⑤ ㄴ, ㄷ, ㄹ

제시된 문제를 보면 먼저 모집단을 파악할 수 있습니다. 찾았나요? 바로 'A국의 SNS 이용자'입니다. 조사 내용은 두 가지입니다. SNS 이용으로 '인간관계가 증가했다'와 '과소비가 증가했다'입니다. 집단은 두 가지 형태로 나누어져 있습니다. 하나는 연도별로 나눈 집단으로 2015년과 2020년 응답자가 있습니다. 다른 하나는 연령별로 나눈 집단으로 20대 이하, 30~40대, 50대 이상이 있습니다. 다 다른 집단입니다. 다만 연령별로 나눈 20대 이하, 30~40대, 50대 이상의 세 집단을 다 합하면 전체가 됩니다.

앞에서 배운 방식을 적용해서 표의 내용을 각자 다양하게 분석해 보세요. 여기서는 문제의 〈보기〉에 제시된 분석이 옳은지 아닌지만 하나씩 살펴보겠습니다.

먼저 ㄱ의 경우 2015년의 표 내용에서 '40대 이하'의 연령은 20대 이하와 30~40대를 함께 묶어서 보아야 합니다. '과소비가 증가했다'에 '그렇지 않다'라고 응답한 30~40대는 14.9%, 20대 이하는 21.7%였습니다. 만약 2015년 응답자 중에서 20대 이하와 30~40대의 인원수가 1:1로 같다면 21.7%와 14.9%를 더한 36.6%를 2로 나눴을 때 18.3%가 나와야 합니다. 그런데 두 연령 집단의 인원수를 현재 표로는 파악하기 어렵습니다. 이런 경우에는 20대 이하의 값인 21.7%와 30~40대의 값인 14.9% 사이에 존재한다고 추정해야 합니다. 인원수가 1:1일 때 나올 수 있는 18.3%에서 20대 이하와 30~40대 중 어떤 집단의 인원수가 더 많은지에 따라 21.7%에 더 가까운 값이 나오거나 14.9%에 가까운 값이 나올 것이기 때문입니다. 즉, 두 집단의 값을 단순히 더한 값으로 보면 안 된다는 말입니다. 따라서 ㄱ은 틀렸습니다.

ㄴ의 경우 2015년의 표 내용에서 30~40대가 '인간관계가 증가했다'에 '이전과 비슷하다'라고 응답한 비율은 11.1%이고, '그렇지 않다'는 6.4%입니다. 둘 다 30~40대가 각각 응답한 것이어서 11.1%와 6.4%를 더하면 됩니다. 그래서 30~40대 중 17.5%가 응답한 것이 맞습니다. 이는 30~40대가 '인간관계가 증가했다'에 '그렇다'라고 응답한 82.5%를 100%에서 뺀 값과 같습니다. 따라서 ㄴ은 맞습니다.

ㄷ의 경우 2020년의 표 내용에서 '과소비가 증가했다'에 '그렇지 않다'라고 응답한 50대 이상은 14.2%이니 15% 미만이 맞습니

다. 그런데 이 문제에서 모집단은 A국의 SNS 이용자입니다. 반면에 ㄷ에서는 '국민'이라 했으니, 모집단을 잘못 표시한 것입니다. 만약 ㄷ에서 '국민' 대신 '응답자'라고 했다면 이 분석은 맞지만, 국민이라고 표기했다는 점에서 틀렸습니다. 따라서 ㄷ은 틀렸습니다.

마지막으로 ㄹ의 경우를 살펴보겠습니다. 2020년 '과소비가 증가했다'에 '그렇다'라고 답한 응답자 비율은 세 연령 집단의 범위인 '47.3~67.3%'에 있습니다. 그리고 '인간관계가 증가했다'에 '그렇다'라고 답한 응답자 비율은 세 연령 집단의 범위인 '68.2~82.8%'에 있습니다. 단위가 비율로 제시되어 있지요. 그런데 ㄹ에는 비율이 아니라 응답자 수가 나와 있습니다. 문제의 단서에서 무응답자는 없다고 했습니다. 또한 둘 다 2020년 응답자 비율이며, '인간관계가 증가했다'와 '과소비가 증가했다'에 답한 응답자는 같은 사람입니다. 이처럼 같은 대상의 비율을 비교하는 경우에는 비율과 수를 동일하게 봐도 됩니다.

다만 표에서 '인간관계가 증가했다'에 '그렇다'라고 답한 2015년 응답자의 비율과 2020년 응답자의 비율을 수로 바꾸어 살펴보는 것은 안 됩니다. 2015년과 2020년의 연령대별 집단의 수는 다르기 때문입니다. 집단이 같지 않으니 비율을 가지고 수를 추정해서는 안 됩니다. 비율을 수로 환산하는 경우에는 비교하는 집단이 같은 다른지를 구분하는 것이 중요합니다. 따라서 ㄹ은 맞습니다.

이제 지금까지 살펴본 내용을 떠올려 보세요. 모집단과 표본, 그리고 표를 분석하는 방법을 다양하게 생각해 볼 수 있을 것입니다.

토론해 볼까요?

- … 우리나라에서 선거 예측 조사를 할 때 층화 표집을 한다면 어떤 특성으로 집단을 나눠 표본을 구하는 것이 좋을까?
- … 연예인을 모집단으로 삼는다면 누가 포함되어야 할까? 집단의 개념을 정의해 보자.

가상인간 로지, CF 모델이 되다

제4차 산업혁명과 빅데이터

정화네 모둠은 이번에 인공지능 시대의 통계를 조사하는 프로젝트를 하게 되었습니다. 가상인간 로지가 CF 모델이 된 일처럼 연예계를 중심으로 빅데이터와 인공지능을 활용한 변화가 나타나고 있습니다. 아주 오래전에 시작된 통계의 역사가 기술의 발전으로 새로운 양상으로 변화하는 셈입니다.

사실 통계라고 하면 다양한 수치가 제시되는 표나 그래프만 떠올렸는데, 최근에는 빅데이터와 인공지능에도 통계가 적용되고 있었습니다. 그래서 정화네 모둠에서는 제4차 산업혁명, 빅데이터, 인공지능, 빅데이터 활용과 삶의 변화 등에 대해 살펴보기로 했습니다.

이를 위해 우선 '빅데이터', '연예계', '생활 변화'라는 표현이 들어간 뉴스 자료를 찾아보았습니다. 자료를 정리하니 다음과 같은 기사를 파악할 수 있었습니다.

- 빅데이터로 본 인기 연예인들 평판 비교
- 가상인간, 연예인 대신 모델이 되다…
  빅데이터를 바탕으로 대화도 가능
- 제4차 산업혁명으로 연예, 운수업계… 인간의 삶 바꾼다
- 빅데이터로 이번 시즌 프로야구 우승 예측해 보니…

기사에는 빅데이터와 관련한 내용이 무척 다양했습니다. 정화네 모둠은 이해하기 쉬운 연예계나 스포츠 뉴스, 생활의 변화 등에 관한 내용을 주로 살펴보았습니다. 그리고 이를 통해 빅데이터를 일상에서 이미 누리고 있다는 사실을 알게 되었습니다. 그런데 빅데이터가 무엇인지, 기존의 통계와 다른 점은 무엇인지를 정확하게 알기 어려웠습니다. 이에 더 공부할 내용을 질문으로 만들었습니다. 질문 목록을 같이 살펴볼까요?

❶ 이제는 제4차 산업혁명?

❷ 빅데이터란 무엇일까?

❸ 빅데이터는 삶을 어떻게 바꾸고 있을까?

❹ 빅데이터 시대, 통계의 미래는?

#제4차_산업혁명 #인공지능 #빅데이터
#가상인간 #빅데이터와_통계

이제는 제4차 산업혁명?

인터넷에서 화장품이나 옷을 사본 적 있나요? 자신의 피부색이나 키, 몸무게 등을 입력하면 색조 화장품의 색깔을 추천해 주기도 하고, 나에게 잘 맞는 옷 사이즈를 알려 주기도 합니다. 더 나아가 요즘에는 가상인간 인플루언서들이 실제 모델처럼 옷을 입은 모습을 보여 줍니다. 이런 일상을 가능하게 한 기술 변화는 어떻게 이루어졌을까요? 이를 이해하기 위해서는 제4차 산업혁명을 알아야 합니다.

제4차 산업혁명이라는 말을 천천히 읽어 보세요. '제4차'이니 그 전에 제1차, 제2차, 제3차가 있었을 거예요. 순서대로 간단히 살펴볼까요? 산업혁명은 18세기 말 유럽에서 과학 기술의 발전으로 시작되었습니다. 농경사회에서 공업사회로 바뀌면서 인간의 삶에 생겨난 큰 변화였지요. 산업혁명은 세계 여러 곳으로 확산했고, 그 과정에서 지속적인 변화가 일어났습니다. 이런 변화는 앞으로도 꾸준히 이어져서 인류의 삶을 바꾼다고 해요. 바로 이 초기의 산업혁명을 제1차 산업혁명이라고 합니다. 이때의 핵심 기술은 증기기관이었습니다. 증기기관을 동력으로 사용하면서 공장에서 물건을 만들 수 있게 되었습니다. 당시 대표 산업은 면방직처럼 옷감을 만드는 산업이었습니다.

제2차 산업혁명은 전기 에너지를 활용하면서 시작했습니다. 전기 에너지로 돌아가는 기계는 다양한 생산 시설에 본격적으로 투입되었습니다. 덕분에 철강 산업이나 화학 산업, 자동차 산업 같은 제조업이 발달했습니다. 컨베이어 벨트를 이용해 조립한 자동차, 전화, 라디오 등이 이때의 중요 생산물입니다.

제3차 산업혁명은 정보혁명이라고도 합니다. 바로 컴퓨터와 인터넷 기술의 발달로 일어났죠. 전자 기술과 지식 정보를 활용해 공장이 자동으로 돌아가도록 제어하면서 상품을 만들게 된 것입니다. 이때 인터넷상의 서비스 산업도 창조됩니다.

자, 이제 우리가 관심을 가진 제4차 산업혁명을 볼까요? 제4차 산업은 빅데이터, 사물 인터넷, 인공지능 같은 기술이 만든 변화를 말합니다. 이 변화는 지능혁명이라고도 하며 '초지능 사회가 왔다'라고도 표현합니다.

2016년 알파고라는 인공지능 바둑 프로그램이 바둑 기사인 이세돌 9단과 대결해 이긴 사건이 있었습니다. 이때부터 사람들은 인공지능에 관심을 가지기 시작했습니다. 인터넷과 통신 기술의 발전에 따라 사람, 데이터, 사물 등 모든 것이 연결된 초연결 네트워크가 발전했습니다. 인공지능은 초연결 네트워크 안에서 딥러닝(기계가 스스로 학습하는 기술)을 통해 폭발적인 지식을 흡수했고, 인류의 지능을 뛰어넘는 수준에 이르렀습니다.

제4차 산업혁명 덕분에 접근할 수 있는 자료와 정보가 아주 많아졌습니다. 덕분에 의사 결정을 조금 더 잘할 수 있습니다. 여러분의 친구들을 생각해 보세요. 자주 만나는 친구라면 그 친구가 좋아하는 음식이나 잘 입는 옷, 영화 취향 등을 기억할 수 있습니다. 그래서 친구 생일에 그 친구가 좋아하는 영화를 보러 가는 계획을 세울 수도 있죠. 이 정도는 인간의 지능으로 가능합니다. 그러나 우리나라의 모든 중학교 2학년 학생에게 그들이 좋아하는 영화를 각각 추천하는 일은 불가능합니다. 모든 중학교 2학년 학생의 영화 취향에 대해서 알지도 못하고, 안다고 치더라도 그들의 취향에 맞는 영화 정보도 없기 때문입니다.

제4차 산업혁명에서는 인간의 지능을 뛰어넘는 기술을 바탕으로 빅데이터를 활용할 수 있습니다. 엄청난 데이터를 상품의 생산과 판매 등에 활용해 산업을 발달시키는 것이죠. 결국 제4차 산업혁명에서는 인공지능만큼 빅데이터도 중요합니다. 그렇다면 빅데이터는 무엇일까요?

빅데이터란 무엇일까?

요즘 나오기 시작한 가상인간 모델은 어떻게 만들어지는 걸까요? 그리고 어떻게 우리와 소통할까요? 2002년 개봉한 영화 중에 〈시몬〉이라는 작품이 있습니다. 영화배우와의 실랑이에 지친 영화감독이 사이버 여배우인 '시몬'을 만들고 주인공으로 삼아 영화를 제작하는 내용입니다. 영화 속에서 시몬은 시뮬레이션 원simulation one의 줄임말로, 실제 할리우드 여배우의 데이터를 합성해 만들었습니다.

실제로 요즘에는 기업이나 제품의 CF 모델을 하는 가상인간을 쉽게 볼 수 있습니다. 가상인간이란 현실 세계에 존재하는 사람이 아니라 인터넷을 기반으로 하는 사이버 세계에서 활동하는 이들을 말합니다.

가상인간은 3D 기술을 활용해서 만들어집니다. 그렇다고 3D 기술이 알아서 가상인간을 만들어 내는 것은 아닙니다. 사람들의 얼굴에 대한 수많은 데이터가 모아져야 만들 수 있습니다. 실제 세상에 존재하지 않는 가상인간이 소비자와 챗봇을 통해 대화할 수 있는 것도 기존 고객들과 대화한 기록이 빅데이터로 존재하기 때문입니다.

자, 빅데이터가 무엇인지 짐작할 수 있나요? 빅데이터는 말 그대로 큰 데이터, 디지털 환경에서 생겨난 방대한 자료를 말합니다. 이 데이터는 숫자뿐만 아니라 문자나 이미지, 영상 등 다양합니다.

기존의 통계와 비교했을 때 빅데이터는 우선 자료 자체의 용량

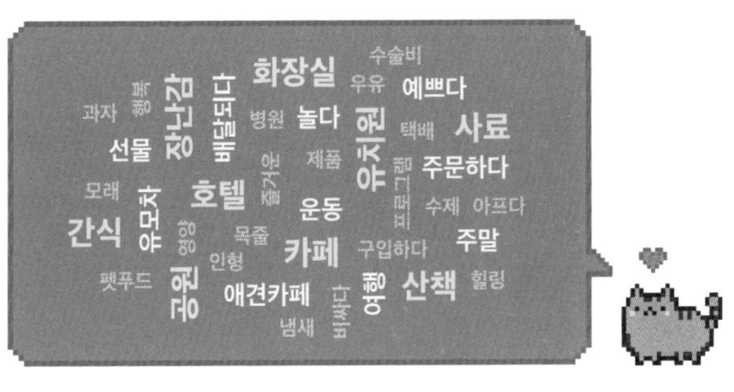

빅데이터 분석의 사례

에서 차이가 납니다. 그런데도 빅데이터를 활용할 때 통계의 원리를 활용하는 경우가 많습니다. 기본적으로 통계란 자료를 조사해 집단의 상황이나 특징을 숫자로 정리하는 것이죠. 이 과정에서 자료, 즉 데이터의 유사성과 차이점을 분류하게 됩니다. 바로 이 점에서 빅데이터의 활용은 통계의 원리와 비슷합니다. 다만 통계는 숫자로 표현하는 것이 기본이지만, 빅데이터는 이미지나 문자 등 다양한 방식으로 그 결과를 드러냅니다. 그래서 위와 같은 그림이 나올 수 있는 것입니다.

그림을 보면 굵고 큰 글씨가 있고, 그 옆으로 작은 글씨가 흩어져 있지요? 어떤 주제에 관한 빅데이터를 분석한 결과를 보여 주는 자료입니다. 일반적인 통계와는 달리 수 대신 문자로 나타냈지만 크기나 위치 등을 중심으로 어떤 것이 더 중요한지 그리고 어떤 관련성이 있는지를 이해할 수 있습니다.

지금까지 빅데이터에 대해 통계와 관련된 부분만 아주 간단히 살펴봤습니다. 사실 빅데이터는 통계의 수준을 벗어났고, 이제 생활 곳곳에 큰 영향을 미치는 제4차 산업혁명의 주요 기술입니다. 빅데이터는 통계에서 기본이 되는 데이터를 활용하지만 그 결과는 엄청나서 생활을 편리하게 하는 데 적극적으로 활용되고 있습니다.

빅데이터는 삶을 어떻게 바꾸고 있을까?

누구나 한 번쯤 이런 적이 있을 것입니다. PC나 핸드폰으로 어떤 물건을 검색한 뒤 살펴보기만 하고 사지 않은 경험 말입니다. 그런데 그 후로 인터넷에서 무엇을 찾든, 전에 검색했던 그 물건이 광고로 계속 나타납니다. 그것과 비슷한 다른 상품을 추천하기도 합니다. 빅데이터와 내 개인 정보를 활용해서 나에게 그 물건을 사라고 광고하는 것입니다.

과거에는 맛집이 주로 관공서 근처나 큰 회사가 몰려 있는 지역의 건물 1층에 있었습니다. 사람들이 많이 지나는 곳이고, 회사 주변에 입소문이 나면 그곳 사람들이 많이 이용하며, 1층이라 접근하기 쉬웠기 때문입니다. 그런데 요즘 맛집은 큰길 근처에 있지 않고, 찾아가기 어려운 곳에 있는 경우가 많습니다. 그래도 사람들이 다 찾아갑니다.

어떻게 이런 일이 가능해졌을까요? 인스타그램이나 유튜브 같은 SNS를 이용해 맛집 정보를 찾기 때문입니다. 처음 가는 곳이어도 그곳이 어떤 곳인지 알 수 있습니다. 그러다 보니 이제는 국내외로 여행을 다닐 때 맛있는 식당과 사진 찍기 좋은 곳 등을 미리 찾아서 여행 계획을 경제적으로 짤 수 있죠. 이는 사실 빅데이터 덕분입니다.

다른 예도 생각해 볼까요? 정류장에서 버스를 기다릴 때 우리는 기다리는 차가 어디쯤 오는지 찾아보곤 합니다. 또는 지금 내가 있는 곳에서 가고자 하는 장소까지 어떤 방법으로 갈 수 있는지, 목적지까지 시간은 얼마나 걸리는지 검색해 볼 수 있습니다. 교통 빅데이터를 활용한 결과입니다. 요즘 차에는 대부분 내비게이션이 부착되어 있습니다. 가장 빨리 갈 수 있는 길을 안내해 주는 내비게이션 또한 빅데이터를 활용합니다.

요즘은 범죄가 발생했을 때 과거에 비해 아주 빨리 범죄자를 검거합니다. 그러다 보니 연쇄 살인 같은 끔찍한 범죄가 줄어들고 있다고 해요. 이처럼 범죄자를 빨리 검거할 수 있는 것도 CCTV나 지리 정보 시스템으로 받은 이동에 관한 빅데이터 덕입니다. 빅데이터를 이용해 범죄를 예방하거나 사람을 찾을 수 있기 때문이죠.

물론 빅데이터를 사용해 좋은 일만 일어나는 것은 아닙니다. 빅데이터를 만들어 내는 정보 중에는 개인 정보가 많은데 이때 사생활이 원치 않게 노출될 수도 있습니다. 2012년 〈뉴욕 타임스〉에 실린 이야기입니다. 미국의 한 유통 기업이 임산부에게만 보내는 할인 쿠폰을 고등학생인 자신의 딸에게 보낸 것에 항의한 사람이 있었습니다. 그런데 알고 보니 실제로 임신한 딸이 인터넷에서 임산부용 속옷을 검색했고, 업체는 이 기록을 보고 쿠폰을 보낸 것이었습니다. 빅데이터를 수집해서 광고했기 때문입니다.

빅데이터 기술은 아주 많은 데이터를 활용합니다. 그래서 그 데이터를 유형별로나 특징별로 분석하면 개인 맞춤형 정보를 제공할 수 있습니다. 덕분에 각 사람에게 맞는 광고를 만들 수도 있고, 개인별 맞춤 자료를 선택할 수도 있습니다. 빅데이터는 그 자체로 중립적입니다. 하지만 활용하는 과정에서 어떤 영향을 줄지 알 수 없습니다. 어떤 경우에는 긍정적인 영향을 주지만, 어떤 경우에는 부정적인 영향을 주지요.

사실 오늘날 통계를 내기 위해 조사를 할 때는 먼저 조사 대상자에게 '당신이 제출하는 답변은 숫자로 바뀌어 결과를 내기에 비밀이 보장된다'라는 사실을 밝힙니다. 그러나 빅데이터의 경우는 다릅니다. 이런 사전 동의를 받지 않기 때문에 내 정보의 비밀이 위 사례처럼 잘 지켜지지 않을 수 있다는 문제가 있지요. 그런 점에서 빅데이터 시대에는 자신의 정보가 나쁘게 활용되지 않도록 조심해야 합니다.

통계 조사 과정에서 지켜야 하는 것은?

빅데이터 시대를 열어 준 것은 첨단 과학 기술이지만, 실제로 데이터를 제공하는 많은 사람과 기존에 만들어진 데이터가 있기에 가능했습니다. 그런 점에서 빅데이터 시대를 살아가는 우리는 두 가지를 고려해야 합니다. 하나는 빅데이터 기술을 잘 활용하는 것입니다. 그러나 이보다 더 중요한 것이 바로 내가 제공하는 데이터를 관리하는 일입니다. 어떻게 관리해야 할까요?

이를 위해서는 전통적으로 통계 조사 과정에서 지켜야 하는 다음의 네 가지 조사 윤리를 적용해야 합니다. 첫째, 조사 대상자에게 조사 목적과 조사 기관을 분명하게 밝힙니다. 둘째, 조사 대상자에게 조사 과정에서 얻은 개인 정보는 오로지 통계를 위해 활용할 뿐 다른 목적으로 외부에 유출하지 않겠다고 약속합니다. 만약 이 약속을 어기면 처벌을 받을 수 있습니다. 셋째, 조사 대상자가 원치 않으면 언제든지 조사를 그만둘 수 있다는 점을 알려 줍니다. 넷째, 조사 대상자가 보호자의 보호가 필요한 나이나 상황이라면 보호자의 동의를 얻어야 합니다.

이 네 가지 조사 윤리를 바탕으로 원하지 않는 조사라면 참여하지 않아도 됩니다. 물론 통계로 미래를 예측하고 사회 변화를 이끌어 낼 수 있다는 점을 기억하며 조사에 참여해 의사를 드러내는 것도 필요합니다.

빅데이터 시대, 통계의 미래는?

전통적인 방법인 질문지 조사를 통해 통계를 만들어 내는 경우에는 대부분 1, 2, 3과 같은 숫자나 남자, 여자와 같은 단순한 문자로 개인 정보를 제공했습니다. 그런데 빅데이터 시대에는 개인의 모든 정보가 데이터로 제공됩니다. SNS에 올린 수많은 글과 사진, 영상 등 모든 것이 다 데이터가 됩니다.

특히 오늘날에는 기술이 발달하면서 지문이나 얼굴, 눈동자 등 개인을 식별할 수 있는 신체 정보도 잘못 활용될 위험이 있습니다. 과거 통계 조사에서는 단순히 자신의 의견을 답했지만 빅데이터 시대에는 자신도 모르게 신체 정보를 고스란히 내보일 수 있습니다. 개인 정보를 잘 관리해야 하는 시점입니다.

그렇다고 빅데이터 시대를 너무 암울하게만 볼 필요는 없습니다. 제1차 산업혁명에서 제2차, 제3차를 지나면서 새로운 산업이 발달하고 새로운 직업이 생겼듯이 제4차 산업혁명 시대도 마찬가지입니다. 빅데이터를 활용한 직업이 생겨나고 있으며 빅데이터 덕분에 편리해진 일도 많습니다. 빅데이터를 활용한 마케터, 빅데이터 분석가, 빅데이터 플랫폼 개발자 같은 직업 등이 대표적입니다.

이제 우리가 살아갈 사회는 데이터가 자원이 되는 세상입니다. 그렇다면 전통적인 통계 조사와 그 활용 방법은 사라질까요? 오늘날 인터넷이 발달해도 라디오가 여전히 남아 있는 것을 생각해 보면 아예 사라지지는 않을 것 같습니다. 기존의 조사 방법을 활용한 통계와 빅데이터가 공존할 가능성이 큽니다. 이를 잘 활용하면서 살아가는 우리의 미래를 그려 봅시다.

토론해 볼까요?

- 빅데이터는 우리를 감시하는 부정적인 존재가 될까? 아니면 다양한 삶을 편리하게 하는 긍정적인 존재가 될까?
- 빅데이터 시대에 사라지는 직업과 새로 생겨나는 직업은 무엇일까?

모 야구선수,
구단 이적으로
몸값 상승하나?

세이버메트릭스

정화네 모둠은 스포츠와 통계를 조사하는 프로젝트를 하게 되었습니다. 우리나라에서는 축구, 야구, 농구, 배구 등 다양한 스포츠가 인기를 끌고 있습니다. 이러한 스포츠에서는 선수들이 팀을 이루어 경기하고, 상대 팀보다 더 높은 승점을 차지하는 것이 중요하죠.

육상이나 수영, 골프와 같은 기록경기에서는 선수 개인이 최고의 기록을 내는 것이 승리하는 길입니다. 이 경우에는 선수들의 기록을 연도별, 시즌별 통계로 정리하면 누가 승리할지 예측할 수 있죠. 반면에 팀을 이루어 경기하는 경우는 선수들의 개인 기록만으로 승리를 예측하기 어렵습니다. 같은 팀 선수들 간의 조합에 따라 경기 결과가 달라지기 때문입니다.

스포츠와 통계가 상관없다고 생각하는 사람이 많습니다. 그런데 스포츠 경기의 모든 자료는 통계로 이루어집니다. 스포츠 해설가는 경기에 임하는 두 팀의 선수들과 경기에 관련된 통계를 정확하게 알아야 경기를 잘 중계할 수 있습니다.

정화네 모둠은 야구에서 자주 이야기하는 '세이버메트릭스'와 '스포츠', '통계'라는 표현이 들어간 뉴스 자료를 조사해 보았습니다. 자료를 정리하니 다음과 같은 기사를 파악할 수 있었습니다.

- 가난한 구단도 선수를 잘 모으면 이긴다. 세이버메트릭스…
- ○○○ 선수, 왜 ** 구단이 그를 데려가나
- 연봉이 선수의 가치를 결정하지 않아…
  통계 분석하면 달라진다

기사에는 야구선수들의 통계와 관련해 세이버메트릭스라는 표현이 많이 나왔습니다. 그래서 스포츠 중에서도 프로야구를 중심으로 통계에 대해 깊이 생각해 보기로 했습니다. 또한 스포츠와 통계를 기업 경영이나 개인의 생활 관리 등 다양한 부분에도 적용할 수 있겠다는 생각이 들었습니다. 그래서 이와 관련해 더 공부할 내용을 질문으로 만들었습니다.

❶ 스포츠 과학과 통계?

❷ 이기기 위해 통계를 활용한다면?

❸ 프로야구에서 세이버메트릭스란?

❹ 내 일상에 세이버메트릭스를 적용하면?

#스포츠_과학 #스포츠와_통계 #스토브리그
#세이버메트릭스 #수비_시프트 #통계_전략

스포츠 과학과 통계?

스포츠 과학이라고 들어 봤나요? 일반적으로 경험적인 자료를 통해 증명할 수 있어야 과학이라고 말합니다. 예를 들어 “물의 끓는점은 100도다”라고 했을 때 과학자는 실험을 통해 그 말이 참인지 거짓인지를 판단할 수 있게 증명해 줍니다. 이러한 증명이 과학에서는 매우 중요합니다.

그렇다면 스포츠가 과학이 될 수 있을까요? 이를 위해서는 경험적 자료를 통해 스포츠 활동을 객관적으로 증명할 수 있어야 합니다. 예를 들어 마라톤 선수가 경기를 앞두고 식단 관리를 어떻게 해야 할까요? 일반적인 운동선수라면 근육에서 에너지가 나오기에 단백질을 식단으로 구성하는 것이 과학적입니다. 그러나 마라톤 경기를 앞두고 몸을 관리할 때는 단백질보다 탄수화물이 더 효과적이라는 것이 과학적 분석입니다. 경기 당일에 승리하기 위해서는 엄청난 에너지를 소비하면서 최선을 다해야 하죠. 이를 위해 에너지를 최대한으로 낼 수 있는 공급원인 탄수화물을 먹어야 한다는 것입니다.

이처럼 스포츠 과학에서는 선수들의 경기력을 높이기 위해 과학을 활용합니다. 선수 개인의 몸을 관리해 최고 기록을 내거나 상대방을 이기기 위한 방법을 분석하는 것처럼 말이죠. 이뿐만이 아닙니다. 경기에서 이기기 위한 전략도 과학적으로 탐구할 수 있습니다. 선수들의 경기 기록을 모두 통계로 내는 것도 스포츠 과학의 한 분야입니다. 체계적인 운동 스케줄, 체형 관리 등 선수의 모든 것을 관리하는 일에 과학이 적용됩니다.

그러다 보니 스포츠 과학에서는 화학, 심리학, 생리학, 역학 등 다양한 분야의 연구가 복합적으로 이루어집니다. 이 과정에서 통계가 활용됩니다. 선수 개인의 기록 증진을 위해 통계를 사용하기도 하고, 경기에서 점수를 내는 전략을 세우는 데에도 통계를 활용합니다.

이기기 위해 통계를 활용한다면?

배구 경기를 생각해 보세요. 배구는 상대 선수에 따라 우리 선수의 교체가 자주 일어나는 경기입니다. 서브를 넣는 상대 선수가 누구인지, 공격수가 누구인지를 고려하면서 우리 선수를 정해야 하기 때문입니다. 자, 그러면 퀴즈 하나를 내겠습니다. 상대편 공격수가 키가 큰 장신이라면 우리 선수도 장신이어야 할까요? 아니면 키가 조금 작은 단신이어야 할까요(아무리 키가 작다고 하더라도 배구선수는 보통 사람보다 키가 크다는 점을 인정해야 합니다)?

통계를 바탕으로 한 과학적 분석에 따르면, 배구에서 상대편 공격수가 장신일 때는 장신보다 단신인 선수가 수비하는 편이 더 효과적이라고 합니다. 팀당 6명이 경기에 참여하는 6인제 배구에서는 상대방의 공격을 막아 내는 것이 중요합니다. 따라서 수비를 맡은 선수 위주로 전략을 짭니다. 그만큼 어떤 수비수가 경기에 나가는 게 적절한지 분석하는 작업도 많이 합니다. 이때 통계를 통해 얻어 낸 과학적 결론이 도움을 줍니다. 상대편 공격수의 키가 큰 경우에 수비수는 장신보다는 단신이 더 효과적이라는 사실처럼 말이지요.

배구에만 해당하는 이야기가 아닙니다. 경기에서 득점보다 중요한 것이 실점, 즉 상대편이 득점하지 않도록 하는 것입니다. 실점을 막기 위해서 다양한 경기 자료를 분석하고, 이 결과를 실제 경기에 적용하는 사례가 많습니다. 야구의 수비 시프트가 대표적입니다.

야구에서는 투수가 던진 공을 우리 편의 포수가 잘 받아서 상대편 타자가 때리지 못하게 막는 것이 중요합니다. 만약에 상대편 타자가 공을 때리고 1루나 2루로 나가더라도 수비를 맡은 선수가 공을 잘 잡아서 이를 멈추게 하면 점수를 주지 않을 수 있습니다. 그러다 보니 투수가 공을 잘 던지는 것도 중요하지만, 타자가 친 공이 날아올 방향을 잘 예측해서 수비하는 것도 중요합니다.

오른쪽 그림을 볼까요? 야구장에서 수비 팀에 속한 9명의 포지션을 나타낸 그림입니다. 야구에서 수비를 맡은 선수들은 보통 내야와 외야에 각기 흩어져 있습니다. 그런데 상대편 타자의 특성이나 경기의 상황에 따라 수비수들이 집중적으로 모이기도 합니다. 이처럼 타자의 성향을 고려해 수비수의 위치를 조정하는 전략을 '수비 시프트'라고 합니다.

야구 경기를 즐겨 보나요? 만약 그렇다면 경기 중에 타자가 기습 번트(공이 가까운 거리에 떨어지도록 타자가 갑작스럽게 방망이를 공에 가볍게 대듯이 맞추는 일)를 댈지, 왼손 타자가 친 공이 몇 루로 갈지, 상대편 선수가 3루에 있을 때 타자가 공을 어느 방향으로 칠지 예측할 수 있을 거예요. 상대편 선수의 특징이나 현재 경기 상황 등을 고려하면 타석에 들어선 타자의 행동을 확률적으로 예상할 수 있습니다. 100%는 아니더라도 그 예측은 대부분 맞습니다. 왜냐하면 공격하는 팀에서도 확률적으로 그렇게 해야 득점할 수 있기 때문입니다.

야구 경기에서는 이처럼 타자의 성향이나 경기 상황 등을 고려해 내야와 외야에 퍼져 있던 수비수들이 움직입니다. 수비 시프트는 다양하게 전개됩니다. 예를 들어 기습 번트를 댈 가능성이 높은 상황이라면 수비수는 본래 위치보다 타자에게 가까이 가는 전진 수비가 적절합니다. 힘이 좋지만 뛰는 속도가 느린 선수가 타자로

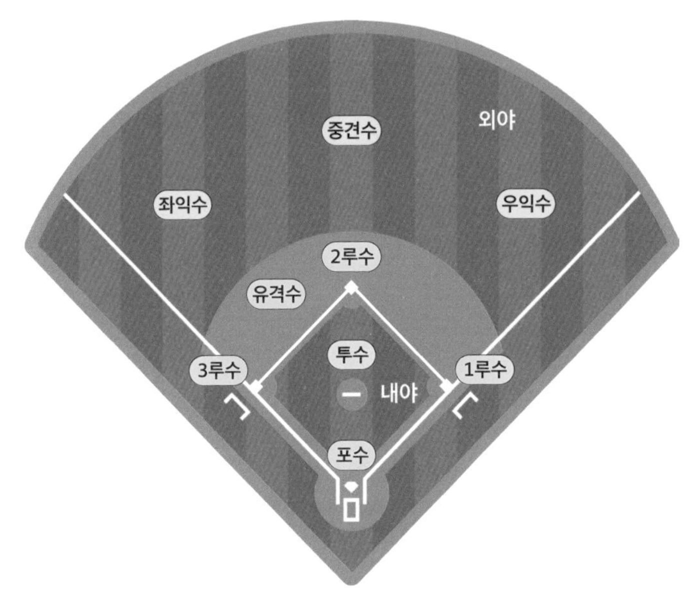

야구장에서 타자를 제외한 수비 포지션

나왔다면 어떻게 해야 할까요? 이 경우에는 외야보다 내야에 있는 수비수들이 더 집중적으로 대처해야 합니다.

사실 이러한 수비 시프트를 위한 통계는 선수 개인이 그때그때 파악하기 어렵습니다. 따라서 상대 팀과 경기하면서 지금까지 나온 데이터를 모두 모아 확률적으로 가능한 상황을 예측해야 합니다. 그리고 이를 바탕으로 다양한 경우의 수를 훈련하고, 실전에서 적용하는 것입니다. 경기 중에 감독이나 코치가 다양한 손짓과 발짓으로 지시하는 작전에 이런 전략도 포함됩니다.

또한 야구에서는 이런 경우도 볼 수 있습니다. 경기가 마지막을 향해 가는 상황에서 조금 전에 투수를 교체했고 그 투수가 잘 방어하고 있을지라도 상대편 타자를 보고 투수를 다시 교체하는 경우입니다. 이는 상대편 타자에 맞는 투수를 내보내려는 것입니다. 이런 장면들도 사실 알고 보면 선수 개개인이 지금까지 쌓아 왔던 다양한 통계를 바탕으로 세운 전략입니다.

프로야구에서 세이버메트릭스란?

2019년에 방송된 〈스토브리그〉라는 드라마가 있습니다. 스토브리그란 프로야구 시즌이 끝난 시기에 선수 이적을 위해 팀 사이에 전략을 펼치는 일을 말합니다. 일반적으로 프로야구는 봄철에 시작해 가을철에 끝납니다. 그러면 야구 구단에서는 경기를 쉬는 겨울에 다음 시즌을 준비하면서 기존 선수 중에 누군가를 내보내고 팀에 필요한 선수를 새로 영입합니다. 또한 적절한 연봉 협상을 통해 선수들이 이적하지 않도록 합니다.

이 과정은 야구 경기를 하는 것과 마찬가지로 흥미진진합니다. 그래서 추운 겨울에 따듯한 난로(스토브) 옆에서 하는 게임이라는 의미로 스토브리그라고 부릅니다. 〈스토브리그〉는 바로 이 과정을 담아낸 드라마입니다.

스토브리그 기간에는 적은 돈을 들여서 구단에 필요한 좋은 선수를 영입하는 것이 구단의 최대 목표입니다. 이를 위해서는 구단에 필요한 최적의 선수 조합을 설계해야 합니다. 돈이 많다면 투수, 타자, 포수 등 각 분야에서 최고인 선수를 영입하면 그만입니다. 하지만 그렇게까지 하면서 구단을 운영할 필요는 없습니다. 구단도 알고 보면 기업인데, 기업에서는 최소한의 비용을 투자해서 최대한의 이익을 내는 것이 중요하니까요.

구단에서는 선수 개인을 평가하는 것과 더불어 어떤 선수를 조합하는 것이 전략적으로 유리한지를 분석해야 합니다. 필요하다면 기존 선수를 다른 곳으로 이적시키더라도 꼭 필요한 선수를 영입하는 전략을 사용하기도 합니다. 이를 위해 사용하는 것이 바로 세이버메트릭스입니다.

세이버메트릭스sabermetrics는 SABR과 메트릭스를 합한 말입니다. SABR은 세이버메트릭스를 처음 개발한 이들의 모임 이름이고, 메트릭스는 업무 수행 결과를 수치로 계량화해 통계적으로 분석하는 일을 말합니다. 다시 말해 **세이버메트릭스란 스포츠 경기에 통계학적 방법론을 적용해 야구선수를 분석하고 이를 바탕으로 팀을 전략적으로 구성하는 방법**입니다. 1944년 미국의 브루클린 다저스 구단에서 통계학자를 고용하며 처음 적용했다고 알려져 있습니다.

세이버메트릭스를 적용하는 구체적인 방법은 2011년 개봉한 야구 영화 〈머니볼〉을 보면 더 자세히 알 수 있습니다. 프로야구에서 이 전략을 사용하면 모든 선수의 경기 기록이 하나하나 통계 분석 단위가 됩니다. 이를 바탕으로 다른 구단과 선수를 상대하기 위한 다양한 대안을 만들어 내지요. 그리고 스토브리그 기간에 선수의 영입과 방출 전략을 짜게 됩니다. 따라서 프로야구 구단에서는 선수들의 전력을 잘 분석하고 적은 비용으로 좋은 선수들을 잘 조합할 수 있는 전력분석가를 찾는 일이 중요합니다.

특히 미국의 프로야구에서는 세이버메트릭스가 매우 중요한 전략입니다. 코치가 세이버메트릭스를 바탕으로 지시하면 선수는 그대로 따라야 합니다. 선수가 아니라 세이버메트릭스로 분석한 결과에 따라 경기를 진행하는 것이죠. 미국에 진출한 우리나라 선수들이 인터뷰에서 자신들이 원하는 공을 던지지 못하고 세이버메트릭스를 고려해 경기하게 되었다고 말하기도 했습니다. 그래서 프로야구에서 세이버메트릭스 전략을 사용하는 경우 "선수 대신 통계가 야구를 한다"라는 비아냥을 듣기도 합니다.

현재 통계학에서는 세이버메트릭스를 주제로 한 연구가 많이 진행되었습니다. 앞으로도 세이버메트릭스 전략이 사라지지는 않을 것 같습니다. 과학 기술의 발달로 야구 빅데이터에 인공지능 분석까지 동원되면 더 새로운 전략으로 진화할지도 모릅니다.

영화 〈머니볼〉의 주인공은 어떤 통계를 썼을까?

〈머니볼〉은 미국 메이저리그의 오클랜드 애슬레틱스 구단에서 단장으로 일하는 빌리라는 주인공의 실제 이야기를 다룬 영화입니다. 좋은 선수를 구할 예산이 부족해 고민하던 빌리가 경제학을 전공한 통계 전문가와 대화를 나누는 장면이 이 영화에서 매우 중요합니다. 그 장면에서 통계 전문가는 선수들 각자의 경기 데이터를 분석하고, 그중에서 승리에 영향을 미치는 통계를 활용해 몸값이 싼 선수들로 팀을 꾸리는 전략을 알려 줍니다.

야구에서 타자와 관련한 통계는 전통적으로 타율과 홈런율을 봅니다. 이 두 통계가 좋을수록 선수의 몸값이 높습니다. 그런데 영화에서 통계 전문가는 야구는 개인 경기가 아니기에 타율보다는 출루율이 승리를 위한 조건이라고 말합니다. 결국 빌리는 출루율이 높으면서 몸값이 낮은 타자를 데려오는 방식으로 팀을 꾸리고, 결국 팀의 승리를 이끌어 냅니다.

최약체 팀이 세이버메트릭스를 활용해 승리를 만들어 나가는 과정을 보여 주는 〈머니볼〉은 그 자체로 매우 감동적인 영화입니다. 그러나 내용 면에서도 매우 유익한 영화입니다. 〈머니볼〉은 단순히 통계를 활용하는 것이 아니라 어떤 통계를 사용해야 하는지 잘 판단하는 것이 더 중요하다는 점을 알려 줍니다. 일상에서도 통계를 활용할 때가 있습니다. 이때 가장 필요한 통계 자료가 무엇인지 잘 판단해서 선택해야 합니다. 통계는 도구이고, 결국 사람의 선택이 중요하기 때문입니다.

내 일상에 세이버메트릭스를 적용하면?

프로야구에서 통계 분석을 바탕으로 하는 수비 시프트나 세이버메트릭스를 사용하는 이유가 뭘까요? 모두 승리를 위해서입니다. 그렇다면 우리도 일상에 통계 전략을 사용할 수 있을까요? 충분히 가능합니다.

이를 위해서는 자기 자신에 관한 데이터를 모으고 이를 바탕으로 전략을 세워야 합니다. 공부를 잘하기 위한 전략을 짠다고 할 때 나에 관한 데이터를 모으는 방법을 생각해 볼까요? 일단 하루 중 언제 집중이 잘되는지, 공부할 때 음악을 듣는 것이 도움이 되는지, 혼자 공부하는 것과 여럿이 공부하는 것 중 무엇이 더 좋은지, 공부할 때 집중이 잘되는 장소는 어디인지 등 기본적인 정보를 모을 수 있습니다.

정보를 모으기 쉽지 않다면 공부할 때마다 이런 사항을 기록으로 남겨 보세요. 그리고 그 자료를 모아서 통계를 내보면 됩니다. 그렇게 나온 통계를 바탕으로 내가 공부에 집중하기 위한 전략을 짜는 것이지요.

시험 준비를 할 때도 통계를 활용할 수 있습니다. 일반적으로 공부할 시간은 적고 공부해야 할 내용은 많습니다. 따라서 공부 시간을 전략적으로 짜면 도움이 됩니다. 이를 위해 이번 시험에서 공부할 분량이 많은 과목과 적은 과목은 무엇인지, 내가 성적을 올려야 하는 과목이 있는지, 과목별로 공부가 잘되는 시간은 언제인지 등등에 관해 생각해 보세요. 그렇게 개인 자료를 만들어 보는 것입니다.

이 자료를 바탕으로 공부 계획을 세우면 됩니다. 좋은 성적을 내는 것이 삶에서 가장 중요한 것은 아니지만, 공부를 잘하고 싶다면 통계 전략을 추천합니다. 공부도 경제적으로 하면 좋으니까요. 그렇게 시간을 남겨서 친구도 만나고 놀기도 하면서 조금 더 행복한 학창 시절을 보내기를 바랍니다. 통계는 먼 이야기가 아니라 내 생활을 바꾸는 나의 전략이 될 수 있습니다.

토론해 볼까요?

- 통계 전략만 사용하는 프로 경기는 더 박진감을 줄까, 아닐까?
- 공부 전략을 짜기 위해 고려해야 할 질문 목록에는 무엇이 있을까?

SECTION 2

사회 & 문화

불법체류자 범죄 증가, 그 이유는?

올해 수능 평균 점수,

전년 대비 상승?

한 해 로또 판매액 6조 원…

사람들은 무엇을 기대하나?

인구 절벽,

대한민국이 사라지는

시대가 온다

올해 수능 평균 점수, 전년 대비 상승?

평균과 중앙값, 최빈값

정화네 모둠은 이번에 집단과 개인에 관한 통계 프로젝트를 하게 되었습니다. 시험 성적이나 국제 비교에서 나타난 전체 점수의 평균과 개인 점수를 통계적으로 살펴보기로 한 것입니다.

정화네 모둠에서는 우선 '평균'이라는 표현이 들어간 뉴스 자료를 읽고 난 뒤 토의하면서 세부 주제를 정하기로 했습니다. 인터넷에서 뉴스 자료를 검색해서 읽어 보니 다음과 같은 기사를 파악할 수 있었습니다.

- ○○ 지역 고등학교 수능 평균 점수, 전국 1위…
- 물가 오르자, 평균 라면값 10% 인상
- OTT 서비스 하루 평균 이용 시간 1시간 넘어서…

'평균'이 들어간 기사 중에는 수능 성적같이 점수를 내는 경우 말고도 물가 인상, 사람들이 받는 임금, 이용 시간 등 다양했습니다. 초등학교에서 평균을 계산하는 방법을 배웠던 기억을 되살려 보면, 집단의 특성을 잘 보여 주는 통계가 바로 평균이었습니다.

그런데 평균이 들어간 기사를 읽다 보니 중앙값처럼 평균과 비슷하지만 다른 통계가 있다는 것도 알게 되었습니다. 그래서 평균과 관련한 다른 통계도 살펴보기로 했습니다.

정화네 모둠은 각자 조사해 온 뉴스 자료를 바탕으로 더 알아볼 내용을 질문으로 만들어 보았습니다. 정화네 모둠이 만든 질문 목록을 함께 살펴볼까요?

질문 목록

❶ 통계는 어떻게 집단의 특성을 나타낼까?

❷ 평균의 장점과 문제점은?

❸ 중앙값은 무엇일까?

❹ 최빈값은 언제 사용할까?

#집단과_개인 #평균 #산술평균 #산포도
#평균의_함정 #중앙값 #최빈값

통계는 어떻게 집단의 특성을 나타낼까?

수능을 보고 난 학생들은 자신의 점수를 받게 됩니다. 그 점수에 따른 등급도 받습니다. 그런데 수능에서 등급은 자신의 점수뿐만 아니라 다른 수험생의 점수까지 고려해서 정해집니다. 수능만이 아닙니다. 내가 어떤 집단에 속해 있으면 나를 비롯해 그 집단에 속한 다른 구성원의 특성을 함께 고려해야 하는 경우가 있습니다.

집단의 특성을 통계로 나타내는 방법은 아주 다양합니다. 그중에서 가장 많이 들어 본 것이 평균 아닐까요? 만약에 학교에서 선생님이 "이번 기말고사 사회 과목에서 우리 반 평균이 제일 높아"라고 한다면 다른 반에 비해 여러분이 속한 반의 사회 시험 점수가 가장 높다는 것입니다. '무엇에 대한 평균'이라는 것에는 항상 집단이 있습니다. 그리고 그 집단의 구성원도 있지요.

사회학자들은 여러 개인이 구성원이 되는 집단 중에서도 오랫동안 같은 목적을 위해 상호 작용하면서 지속적인 활동을 하는 경우를 사회 집단이라고 설명합니다. 어떤 경우에는 사회라고도 합니다. 우리는 모두 알게 모르게 다양한 사회 집단에 소속되어 활동하고 있습니다. 가족도 사회 집단 중 하나입니다. 학교도 마찬가지지요. 동아리 활동을 한다면 여러분이 속한 동아리도 사회 집단입니다.

사회학자뿐만 아니라 사회 현상을 관찰하는 기자들도 사회 집단의 특성을 파악하고 싶어 합니다. 그런데 사회 집단은 여러 명의 개인으로 구성되어 있습니다. 그래서 사회 집단의 특징을 통계로 나타낼 때는 결국 개인별 특징 중에서 유사한 것 또는 평균적인 것을 구해서 그 집단의 특성이라고 이야기하게 됩니다.

그런데 이처럼 집단의 특성을 통계적으로 구하는 경우에 그 집단 구성원의 고유한 특성을 정확하게 파악하지 못하는 일이 생길 수 있습니다. 예를 들어 A반의 기말고사 평균이 다른 반에 비해서 국어와 영어는 높고, 수학과 과학은 낮다고 가정해 보죠. 이 경우에 A반은 언어 계열의 성적은 좋지만 이과 계열의 성적은 다른 반보

평균을 개인에게 적용하면 안 될까?

개인이 모인 집단뿐 아니라 개인에 대해서도 평균을 구할 수 있습니다. 예를 들어 내가 기말고사에서 10개 과목의 시험을 보았다면 전체 10개 과목의 평균을 구할 수 있습니다. 그런데 이렇게 개인이 유사한 항목의 평균을 구하는 일은 사실 큰 의미가 없습니다. 과목별 점수를 보는 것과 10개 과목의 평균을 구해서 보는 것을 비교해 보세요. 과목별로 점수를 보아야 내가 더 잘하는 과목은 무엇이고 조금 못하는 과목은 무엇인지 정확하게 구분할 수 있을 것입니다.

다 조금 낮다고 말할 수 있습니다. 그런데 A반에 국어와 영어는 조금 못하지만 수학이나 과학을 잘하는 학생이 있을 수 있습니다.

사실 집단의 특성을 드러내는 통계는 평균 외에도 다양합니다. 그중에는 집단의 특성과 함께 개인의 고유성을 잘 보여 주는 통계도 있습니다. 무엇이 있는지 알아봅시다.

평균의 장점과 문제점은?

일반적으로 **평균은 여러 수가 이루는 집합에 대해 그 특징을 나타내는 값**을 말합니다. 예를 들어 A반 학생의 성적이 각각 있으면 그 성적을 모두 모아서 A반 전체 성적의 특징을 보여 주는 값을 평균이라고 합니다. 그런데 통계에서 말하는 평균과 우리가 일상에서 말하는 평균은 조금 다릅니다. 통계에서 말하는 평균은 산술평균, 중앙값, 최빈값을 모두 말합니다. 하지만 우리가 일상에서 사용하는 평균은 대부분 산술평균입니다.

먼저 산술평균부터 알아볼까요? 여러분이 아는 것처럼 **산술평균은 모든 값을 다 더한 뒤, 그 값을 가진 개체 수로 나눈 것**입니다. 예를 들어 정화네 모둠이 A 프로젝트를 위해 각자 찾아온 신문 기사 수가 [표 1]과 같다고 가정해 봅시다.

정화	명희	태근	진혁	민수	새한	지홍
5개	4개	2개	3개	6개	7개	1개

표 1. A 프로젝트를 위해 찾은 신문 기사 수

이 경우에 산술평균은 다음과 같이 구합니다. 첫째, 모든 모둠원이 찾아온 신문 기사 수를 다 더해서 합계를 구해야 합니다. [표 1]에서 정화네 모둠이 찾아온 신문 기사 수를 다 더하면 28입니다. 둘째, 합계를 구성원의 수로 나누어야 합니다. 정화네 모둠은 모두 7명이므로 28을 7로 나누면 4가 됩니다. 쉽죠? 이렇게 다 구했으면 다음과 같이 말할 수 있습니다.

"A 프로젝트를 위해 정화네 모둠이 가져온 신문 기사 수의 산술평균은 4개이다."

산술평균은 어떤 집단의 특성을 보여 주는 대표적인 통계입니다. 반 평균 점수, 국민 평균 소득처럼 집단의 어떤 값이 어느 정도인지 표현할 때 많이 사용합니다. 보통은 평균이라고 하지요.

그런데 산술평균이 문제가 되기도 합니다. 어떤 경우인지 볼까요? 정화네 모둠이 B 프로젝트를 위해 찾아온 신문 기사 수가 [표 2]와 같다고 가정해 봅시다.

정화	명희	태근	진혁	민수	새한	지홍
64개	1개	1개	3개	4개	3개	1개

표 2. B 프로젝트를 위해 찾은 신문 기사 수

이 경우에 산술평균은 (64+1+1+3+4+3+1)÷7=11입니다. 앞서 A 프로젝트와 비교해 B 프로젝트를 위해 가져온 신문 기사의 산술평균은 증가했습니다. 다만 모두가 많이 가져온 것이 아니라 정화가 홀로 많이 찾아와서 나타난 결과입니다. B 프로젝트를 위해 정화네 모둠이 찾아온 신문 기사의 평균 개수가 아무리 높아도 정화네 모둠의 활동을 잘 설명한다고 보기 어렵습니다. 예를 들어 "정화네 모둠이 A 프로젝트보다 B 프로젝트를 위해 찾아온 신문 기사의 평균 개수가 더 많아"라고 비교하기 어렵다는 뜻이지요.

이처럼 집단에서 소수의 구성원이 너무 높거나 낮은 값을 나타내면 그 집단의 산술평균을 올리거나 낮추는 문제가 생깁니다. 따라서 집단의 특성을 정확하게 이해하는 데 도움이 되지 않습니다.

그래서 평균을 구할 때 같이 봐야 하는 것이 있습니다. 바로 **집단에 속한 구성원들의 값이 위치한 형태인 산포도**입니다. 앞서 본 두 프로젝트에서 찾은 신문 기사 수의 산포도는 [표 3]과 같이 정리할 수 있습니다. A 프로젝트의 경우 1개부터 7개까지 모두 1명씩 고르게 분포하고 있습니다. 반면에 B 프로젝트의 경우는 고르지 않습니다.

구분	1개	2개	3개	4개	5개	6개	7개	64개
A 프로젝트에서 학생 수	1명	1명	1명	1명	1명	1명	1명	0명
B 프로젝트에서 학생 수	3명	0명	2명	1명	0명	0명	0명	1명

표 3. 프로젝트마다 찾은 신문 기사 수의 산포도

이를 사회로 확장해 보겠습니다. 어떤 나라에서 모든 가구의 소득을 산술평균으로 나타낸다고 생각해 봅시다. 그런데 상위 5%에 속하는 부자들의 소득이 다른 가구에 비해 너무 높다면 어떨까요? 이렇게 나온 산술평균이 그 나라 국민의 평균 소득을 정확하게 드러낸다고 볼 수 있을까요? 이 경우에 산술평균만으로 해당 집단의 특성을 이해하면 그 집단에 속한 구성원의 특성을 제대로 이해하기 어렵습니다. **산술평균이 그 집단을 대표하는 것으로 오해하는 현상인 평균의 함정**에 빠지게 되지요.

산술평균은 어떤 집단의 특성을 잘 드러내는 통계지만, 일부 구성원의 값이 특이하게 높거나 낮으면 그 집단 전체의 특성을 왜곡할 수 있습니다. 그래서 산술평균을 꼭 사용해야 한다면 집단 전체를 대상으로 하는 산술평균과 너무 높거나 낮은 구성원을 제외한 산술평균을 같이 제공해야 합니다.

산술평균을 사용해 문제가 되는 경우가 또 있습니다. 비교할 필요가 없는데도 산술평균을 활용해 비교하는 경우입니다. 앞에서 이야기했던 수능 점수로 다시 돌아가 볼까요? 수능의 경우 올해 평균 점수와 작년 평균 점수를 비교하는 게 의미가 있을까요? 수험생 입장에서 생각해 봅시다. 내가 수험생이라면 올해 평균 점수로 등급이 정해지기에 작년 평균 점수와 비교할 필요가 없습니다.

그렇다면 수능을 관리하는 입장에서 생각해 봅시다. 수능 난이도를 비교하기 위해 올해와 작년의 평균을 비교하면 될까요? 그렇지 않습니다. 시험을 본 대상이 다르기에 "올해 수능은 평균 점수가 작년에 비해 조금 더 높으니 시험 문제가 쉬웠다"라고 말하기는 어렵습니다. 따라서 산술평균이 정말로 필요한가에 대해 생각해 보아야 합니다. 더불어 집단의 특성을 나타내는 중앙값이나 최빈값도 고려할 수 있어야 합니다.

중앙값은 무엇일까?

유명 맛집에서 식사하기 위해 줄 서서 기다려야 할 때가 있습니다. 그럴 때 내가 줄에서 몇 번째인지 알면 맛있는 음식을 언제쯤 먹을 수 있는지를 판단할 수 있습니다. 통계에서도 어떤 집단의 특성을 파악할 때 이처럼 줄을 선다고 가정하고 그중에서 가운데 있는 값을 구합니다. 바로 중앙값입니다.

중앙값은 어떤 집단의 구성원이 가진 값을 순서대로 늘어 놓았을 때 중앙에 있는 값을 말합니다. 중위값 또는 중간값이라고도 부릅니다. 정화네 모둠이 A 프로젝트를 위해 찾아온 신문 기사 수인 [표 1]을 다시 볼까요? 앞에서 구한 산술평균은 4였습니다. 그렇다면 중앙값은 얼마일까요? 작은 수부터 순서대로 나열하면 1→2→3→4→5→6→7이 됩니다. 전체에서 가운데는 네 번째이니 4가 중앙값이 됩니다. 이 경우는 다행히 산술평균과 중앙값이 같네요.

이번에는 정화네 모둠이 B 프로젝트를 하면서 찾아온 신문 기사 수인 [표 2]를 볼까요? 앞에서 구한 산술평균은 11이었습니다. 중앙값을 찾기 위해 순서대로 나열해 보겠습니다. 1→1→1→3→3→4→64가 됩니다. 전체에서 가운데는 네 번째이니 중앙값은 3입니다. 산술평균과 차이가 많이 나네요. B 프로젝트에서 정화가 찾은 64개를 빼고 산술평균을 다시 구해 보세요. 1+1+3+4+3+1=13이고 6으로 나누면 약 2.17입니다. 그러니 7명을 대상으로 한 산술평균보다는 중앙값을 제시하는 것이 이 집단의 특성을 잘 보여 준다고 할 수 있죠.

사회 현상을 설명할 때 아주 특별하게 높거나 낮은 값이 나타난 경우에는 산술평균보다는 중앙값을 사용할 때가 더 많습니다. 다양한 정책을 적용하는 과정에서 자주 등장하지요. 대표적으로 사회복지 정책을 적용하는 경우에 대부분의 나라에서는 산술평균보다 중앙값을 사용합니다. 소득이 매우 높거나 매우 낮은 사람들 때문에 나타나는 평균의 함정을 막기 위해서입니다.

인간다운 삶을 위해 필요한 소득이 없는 경우에는 국가에서 이들을 경제적으로 지원해 줍니다. 복지 정책을 펼치는 것이지요. 국가라는 집단의 구성원이 겪는 어려움은 국가나 다른 구성원에게도 책임이 있다고 보기 때문입니다. 따라서 그 책임을 나누어야 하며, 이를 통해 집단 전체가 발전할 수 있다는 관점으로 복지 정책을 펼칩니다. 복지 정책의 지원 대상을 정할 때 중앙값을 활용합니다. 복지 정책마다 조금씩 다릅니다만, 대체로 '중위소득(소득의 중위값)의 40~50%에 미치지 못하는 경우'를 대상으로 합니다.

'중위소득의 50%에 미치지 못하는 경우'는 어떻게 구할까요? 앞에서 '중위값'은 중앙값과 같다고 했지요. 예를 들어 우리나라가 101명으로 구성된 나라이고, 모두가 돈을 번다고 해봅시다. 작년에 번 돈의 크기에 따라 적게 번 사람부터 줄을 세우면 51번째에 서 있는 사람의 소득이 중앙값이 됩니다. 그 사람의 소득이 3,000만 원이라고 가정해 봅시다. 복지 정책의 대상은 중위소득의 50%에 미치지 못하는 경우라고 했으니 중위소득인 3,000만 원의 50%를 구하면 됩니다. 3,000만 원을 2로 나눠 보세요. 작년 동안 1,500만 원 밑으로 번 사람이 복지 정책의 대상이 되겠네요.

최빈값은 언제 사용할까?

그렇다면 최빈값은 무엇일까요? 한 번도 먹어 보지 못한 낯선 음식을 파는 식당에 가봤나요? 그때 이런저런 고민을 하다가 이렇게 주문했을 것입니다. "이 식당에 온 손님들이 제일 많이 먹는 걸로 주세요." 탁월한 선택입니다. 왜냐하면 최빈값을 활용했으니까요.

최빈값은 말 그대로 빈도가 가장 높은 값을 말합니다. 앞에서 살펴봤던 [표 3]을 다시 볼까요? A 프로젝트의 경우 신문 기사의 수를 보면 1개부터 7개까지 1명씩 분포합니다. 따라서 최빈값은 1, 2, 3, 4, 5, 6, 7이 됩니다. 최빈값이 7개가 되는 것이지요. 반면에 B 프로젝트의 경우에는 신문 기사를 1개 찾아온 학생이 3명이어서 1이 최빈값입니다.

최빈값은 집단 구성원이 가장 많이 차지하는 값으로, 경제 활동 관련 통계에서 많이 활용합니다. 유행값이라고도 부릅니다. 예를 들어 A 지역에서 교복을 파는 회사가 있다고 생각해 봅시다. 이 회사에서는 A 지역 학생의 몸에 딱 맞는 교복을 모두 만들어 파는 것보다는 세 종류 정도의 교복을 만들어 놓고 파는 것이 경제적으로 더 이득입니다. 이 경우에 교복의 종류는 최빈값을 적용해 고르게 됩니다. 또 다른 예를 볼까요? 운동화를 만드는 회사에서는 우리나라 사람들이 많이 찾는 크기의 운동화를 주로 만듭니다. 여자의 경우에는 230~240mm, 남자의 경우에는 260~270mm로 만들죠. 이것도 최빈값을 적용한 결과입니다.

많은 회사에서는 물건을 만들 때 그 물건을 소비하려는 사람의 수가 가장 많은 것, 즉 최빈값을 갖는 상품을 만듭니다. 모든 사람들이 원하는 종류를 모두 다 만들려면 비용이 많이 들기 때문이죠. 여기서 문제가 생깁니다. 최빈값에 해당하지 못하는 사람들은 필요한 물건을 구하기가 어려워지니까요.

지금까지 산술평균, 중앙값, 최빈값을 살펴보았습니다. 모두 집단의 특성을 요약해 보여 주지만 계산 방법에 따라 장단점이 있다는 사실을 알게 되었습니다. 따라서 잘 선택해서 사용하면 좋습니다. 앞에서 본 것처럼 국가 정책에서는 주로 중앙값을, 상품을 생산하는 경우에는 최빈값을 활용합니다. 산술평균 말고도 중앙값이나 최빈값 같은 다양한 통계를 고려하는 자세가 필요합니다.

토론해 볼까요?

- 최빈값을 이용해 상품을 만들 때 문제와 그 해결 방안은 무엇일까?
- 소득이나 자산을 고려할 때 산술평균과 중앙값 중 무엇이 더 높은 사회에서 사는 것이 좋을까?

한 해
로또 판매액 6조 원…
사람들은 무엇을
기대하나?

확률과 기댓값

정화네 모둠은 이번에 확률과 기댓값에 관한 프로젝트를 하게 되었습니다. 로또를 사는 사람들은 자신이 로또에 당첨될 확률이 50%라고 이야기합니다. 당첨될 경우의 수와 당첨되지 않을 경우의 수를 하나씩 생각하기 때문이죠.

그래서 정화네 모둠에서는 확률과 기댓값에 대해 정확하게 살펴보기로 했습니다. 우선 '통계', '확률', '기댓값'이라는 표현이 들어간 뉴스 자료를 먼저 읽고 토의하면서 세부 주제를 정하기로 했습니다. 인터넷에서 다음과 같은 기사를 찾을 수 있었습니다.

- 로또 1등 확률, 기댓값을 고려하면 손해
- 로또 당첨된 사람들, 왜 불행해지나
- 행운이 여러 번, 로또 두 번이나 당첨된 사람…
- 로또 청약 잡아라, 당첨 확률 높이려면?

확률이나 기댓값과 관련해서 가장 많이 나오는 기사는 로또나 아파트 청약 당첨 이야기였습니다. 학생인 정화네 모둠과는 전혀 상관없는 내용 같았습니다. 그래도 통계에서는 확률과 기댓값이 중요하니 자료를 좀 더 자세히 살펴보면서 공부해 보기로 했습니다.

정화네 모둠은 각자가 조사해 온 자료를 바탕으로 더 알아볼 내용을 질문으로 만들어 보았습니다. 정화네 모둠이 만든 확률과 기댓값에 관한 질문을 함께 살펴봅시다.

질문 목록

❶ 수학적 확률이란?

❷ 로또에 당첨될 확률과 기댓값은?

❸ 통계적 확률이란?

❹ 사회 현상은 왜 예측하기 어려울까?

#확률 #기댓값 #수학적_확률
#통계적_확률 #사회_현상과_확률

수학적 확률이란?

종종 TV에 결혼한 부부가 나오면 그들이 지구상에서 만날 확률을 구합니다. 여러분도 친한 친구와 만날 확률이 궁금하지 않나요? 이에 대해 '만나거나 만나지 않거나 둘 중 하나이니 50%'라고 답하는 사람들이 있습니다. 또는 세계 인구를 대략 80억 명이라고 추정해 '80억 분의 1'이라고 하는 사람들도 있습니다.

더 복잡한 확률을 제시하는 사람도 있습니다. 일단 지구의 수많은 동물 중에서 인간으로 태어날 확률, 그중에서 한국에 태어날 확률, 비슷한 연도에 태어날 확률, 비슷한 동네에서 살 확률 등을 다 고려해야 한다는 것입니다. 이것을 다 반영하면 지금 우리가 만나서 친구나 가족이 될 확률은 정말 희박합니다.

그런데 이렇게 구하는 것이 맞을까요? 그 답을 알기 위해서는 확률이 무엇인지부터 알아야 합니다. **확률은 어떤 사건이 일어날 가능성을 수로 나타낸 것**입니다. 가장 친한 친구와 만날 가능성을 수로 표현한 것도 확률입니다. 확률 중에서 절대 일어날 수 없는 사건의 확률은 0이고, 항상 일어나는 사건의 확률은 1입니다. 그래서 모든 확률은 0과 1 사이에 존재합니다. 확률을 비율로 표현하면 0%에서 100%까지 가능합니다.

지금까지 설명하면서 제시했던 것은 수학적으로 계산해 낸 확률입니다. 수학적으로 확률을 구할 때는 모든 경우의 수가 나올 가능성이 같다는 전제로 계산합니다. 예를 들어 2명이 가위바위보를 해서 비길 확률을 구한다면 가위, 바위, 보가 동일한 경우의 수로 나타난다고 가정하고 계산하게 됩니다.

실제로 A와 B 두 사람이 가위바위보를 할 때 서로 비길 확률을 구해 볼까요? A와 B 모두 가위, 바위, 보를 각각 낼 수 있습니다. 두 사람이 게임을 하는 것이기에 각자의 선택은 서로에게 영향을 끼칩니다. 이때 나올 수 있는 전체 경우의 수는 각자가 선택할 수 있는 경우의 수를 곱한 값으로, 3에 3을 곱한 9가 됩니다. 그리고 A와 B가 비길 경우의 수는 둘 다 가위-가위, 바위-바위, 보-보를 낼 때이니 3이 됩니다.

따라서 A와 B가 비길 확률을 계산하면 $\frac{3}{9}$이 되고, 이는 $\frac{1}{3}$, 즉 0.3333이 됩니다. 세 번 하면 그중에 한 번은 비길 확률을 갖는다는 뜻입니다.

그렇다면 실제로 지금 옆에 있는 사람과 가위바위보를 아홉 번 해보세요. 그중에 서로 비긴 경우는 몇 번인가요? 아마도 누군가는 한 번도 나오지 않을 수 있고, 누군가는 아홉 번 모두 비기기도 하겠지요. 이처럼 우리가 구한 확률과 실제는 다르게 나타납니다. 지금까지 살펴본 확률은 **수학 이론적으로 구한 확률인데, 이를 수학적 확률**이라고 합니다.

로또에 당첨될 확률과 기댓값은?

갑자기 돈이 필요해진 사람이 "로또라도 해볼까?"라고 말합니다. 그러면 옆에 있던 사람이 이렇게 말하죠. "로또에 당첨될 확률은 벼락 맞을 확률보다 낮다고 하던데… 혹시 주변에서 벼락 맞았다는 사람이 있어요?" "아니요. 제가 아는 사람 중에 아무도 없어요." "그러면 당첨될 확률이 거의 0에 가깝네. 일이나 합시다."

실제로 로또에 당첨될 확률은 얼마일까요? 로또에 당첨될 확률은 수학적 확률로 구해야 할까요? 아니면 다른 방법으로 구해야 할까요? 로또는 개인의 실력에 좌우되는 것이 아니기에 경우의 수를 활용한 수학적 확률을 통해 구해야 합니다.

로또 1등에 당첨될 확률을 구해 봅시다. 로또는 1번부터 45번까지 숫자가 붙은 공을 활용합니다. 그중에서 6개를 순서대로 뽑았을 때 나오는 숫자가 내가 선택한 6개와 정확하게 일치해야 1등이 됩니다. 먼저 뽑힌 번호는 밖으로 내놓기에 그 번호가 다시 선택될 일은 없습니다. 이 조건을 모두 고려하면 로또에 당첨될 수학적 확률을 구할 수 있습니다.

① 전체 45개의 공 중에서 하나를 뽑아서 6개의 당첨 숫자와 일치하기 위한 확률은 $\frac{6}{45}$입니다.

② 공 44개가 남았지요. 이 중에서는 이제 5개의 당첨 숫자와 일치해야 하니 확률은 $\frac{5}{44}$ 입니다.

③ 공 43개가 남았습니다. 이 중에서 이제 4개의 당첨 숫자와 일치해야 하니 확률은 $\frac{4}{43}$ 입니다.

④ 공 42개가 남았습니다. 이 중에서 이제 3개의 당첨 숫자와 일치해야 하니 확률은 $\frac{3}{42}$ 입니다.

⑤ 공은 41개가 남았습니다. 이 중에서 이제 2개의 당첨 숫자와 일치해야 하니 확률은 $\frac{2}{41}$ 입니다.

⑥ 공 40개가 남았습니다. 이 중에서 이제 1개의 당첨 숫자와 일치해야 하니 확률은 $\frac{1}{40}$ 입니다.

⑦ 위 확률은 동시에 일어나야 하니 모든 확률을 다 곱해야 합니다. 이를 수식으로 나타내면 $\frac{6}{45}\times\frac{5}{44}\times\frac{4}{43}\times\frac{3}{42}\times\frac{2}{41}\times\frac{1}{40}$ 입니다.

⑧ 이를 계산해 보면 $\frac{1}{8,145,060}$ 입니다.

따라서 내가 로또에 당첨될 확률은 매우 낮습니다. 벼락에 맞을 확률보다 낮다는 말이 옳은 표현 같습니다. 그렇다면 내가 돈을 내고 로또를 사서 받을 수 있는 기댓값은 얼마나 될까요? **기댓값은 어떤 사건이 일어날 확률과 그 사건이 일어날 때 얻게 되는 이익을 곱한 뒤에 관련한 전체 사건에 대해 합한 값**을 말합니다.

로또의 기댓값을 구하기 전에 조금 간단한 계산을 먼저 해보죠.

가위바위보 게임을 해서 비기면 3,000원을 받고, 지거나 이기면 300원을 받기로 했다고 가정해 봅시다. 이때 기댓값을 계산하면 다음과 같습니다.

① 내가 비기는 경우의 확률인 $\frac{1}{3}$에 3,000원을 곱하면 1,000원이 됩니다.
② 내가 이기거나 지는 경우의 확률은 $\frac{2}{3}$가 되니, 여기에 300원을 곱하면 200원이 됩니다.
③ 두 값을 더하면 이 게임에서 나의 기댓값은 1,200원이 됩니다.

만약에 게임 참가비가 1,000원이라면 기댓값이 1,200원이기에 내가 얻을 수 있는 기대 수익은 200원이 됩니다. 게임 참가비가 1,500원이라면 기댓값보다 300원이 더 높기에 300원이라는 손해를 볼 수 있습니다.

이제 기댓값을 계산할 수 있겠죠? 그럼 로또의 기댓값을 계산해 볼까요? 1등에 당첨될 경우에 25억 원을 받는다고 해봅시다(로또는 세금을 떼어야 하기에 실제로는 훨씬 적은 돈을 받습니다). 25억 원에 $\frac{1}{8,145,060}$을 곱하면 약 307원이 나옵니다. 매우 낮은 기댓값입니다. 당연히 로또 1개를 사는 돈인 1,000원과 비교해서도 손해이며, 기대 수익은 마이너스입니다. 여러 번 살수록 손해는 더 커집니다.

로또 당첨 확률을 높이는 방법이 있을까?

2022년 초에 로또 1등에 당첨된 번호 6개를 똑같이 다섯 번 선택해서 1등 상금의 5배인 90억 원을 받은 사람이 있었습니다. 이 사람처럼 한 회에 동일한 번호를 여러 번 선택하는 경우도 있지만, 매주 같은 번호로 로또를 구매하면서 1등 당첨을 기대하는 사람도 있습니다.
왜 그렇게 행동할까요? 매번 같은 번호로 로또를 사면 이번에는 되지 않았더라도 다음에는 될 것이라는 기대 때문입니다. 통계적으로 이번에 당첨되지 않은 번호가 다음에 당첨될 확률이 높다고 생각하는 것이죠. 이 생각은 맞을까요?
그렇지 않습니다. 로또에서 당첨 번호 6개는 기존에 당첨된 번호를 제외하고 뽑지 않습니다. 매회 동일하게 45개 번호 중에서 6개를 뽑으니 모든 경우가 발생할 확률은 항상 같습니다.
우리는 여기서 어떤 것을 배울 수 있을까요? 내가 무언가를 할 때 성공하거나 실패할 확률은 이전의 경우와 상황과는 무관하다는 점입니다. 혹시 전에 무언가에 도전했다가 실패했나요? 다음에도 그럴 것이라고 생각하지 마세요. 전에 성공했다고 항상 성공하는 것도 아닙니다. 과거의 성공이나 실패를 떠나서 현재 하는 일에 최선을 다하는 자세가 중요합니다. 로또를 보며 우리가 얻을 수 있는 가장 중요한 교훈입니다.

아무리 로또에 당첨되어 받는 액수가 크다고 할지라도 당첨될 가능성은 매우 낮습니다. 그래서 로또에 당첨된 사람 대부분은 특별한 꿈을 꿨다는 경우가 많습니다. 다음 주에 당첨 번호를 확인할 때까지 기대하는 마음이 좋아서 로또를 사는 사람도 있습니다.

복권에 당첨된 사람들의 이야기를 읽은 적이 있습니다. 어떤 사람은 다니던 직장을 그만두고 돈을 흥청망청 쓰다 결국 1년 만에 빈털터리가 되었다고 합니다. 로또에 당첨된 후에도 별일 없이 사는 사람들은 당첨금을 대부분 좋은 일에 기부하고, 자신의 빚을 갚았다고 합니다. 그리고 하던 일을 그대로 하면서 일상을 크게 바꾸지 않는 경우가 많았습니다. 많은 돈을 가지면 원하는 대로 살 수 있을 거라고 생각하겠지만, 인류의 역사가 증명하듯 좋은 삶의 방식은 평범하게 일하면서 자신의 삶을 살아가는 것 아닐까요?

통계적 확률이란?

로또에 당첨될 확률은 매우 낮으니 이런 생각을 해봅니다. '복권을 사서 1등에 당첨될 확률 대신 열심히 공부해서 취업하고 돈을 벌며 평범하게 살 수 있는 확률은 얼마나 될까?' 이것도 정확하게 계산하기는 어렵습니다. 그래도 지금까지 사람들이 살아온 모습을 고려해 보면 열심히 공부하고 일해 평범한 삶을 꾸려 나갈 확률이 복권에 당첨될 확률보다 높다는 것을 알 수 있습니다. 이처럼 경험적 관찰 또는 실험을 바탕으로 확률을 예측할 수도 있습니다.

앞에서 수학적 확률로 살펴봤던 가위바위보 게임을 다시 생각해 봅시다. A와 B 두 사람이 실제로 가위바위보를 했을 때 비길 확률은 한 번 비겨서 1이 되는 경우도 있고, 전혀 비기지 않아서 0이 되는 경우도 있습니다. 그런데 두 사람이 게임을 아주 여러 번 반복해서 비긴 횟수로 확률을 구하면 아마도 0.3333에 가까운 값이 나올 것입니다.

이렇게 게임을 계속해서 비길 확률이 얼마나 되는지를 직접 실험할 수 있습니다. 이는 실제로 수학적 확률을 구하기 어려운 경우에 많이 사용합니다. 예를 들어 볼까요? 부모님이 "공부 좀 해라. 지금부터 공부하면 서울대학교에 갈 수 있다"라고 말하면, 아이들은 이렇게 말합니다. "제가 아무리 열심히 공부해도 서울대학교에 갈 확률은 0에 수렴해요. 공부를 더 한다고 확률이 달라질 수는 없어요." 정말일까요? 서울대학교에 입학할 가능성을 수학적 확률로 어떻게 구할 수 있을까요?

기본적으로 수학적 확률에서는 모든 경우의 수가 나올 가능성이 똑같다는 것을 전제로 한다고 이야기했죠. 그러니 모든 학생이 서울대학교에 갈 가능성은 같다고 가정해 봅시다. 서울대학교에 합격할 가능성과 그렇지 않을 가능성은 1번씩입니다. 계산하면 $\frac{1}{2}$이니 0.5의 확률을 갖는다고 할 수 있을까요? 아니면 그해의 전체 입시생 수를 분모로 삼고 서울대학교 입학생 수를 분자로 한 후 그 값을 구해야 할까요? 만약 이렇게 계산한다면 그해 모든 입시생이 서울대학교에 입학할 수학적 확률은 동일합니다. 그러나 이것이 실제와 같을까요?

우리가 살아가면서 겪게 되는 확률 문제는 수학적 확률로 나타내기 어려운 경우가 많습니다. 현실에서 어떤 일이 일어날 확률은 수학적 확률에 따라서 움직이지 않는 경우가 대부분입니다. 서울대학교에 입학할 확률을 구한다면, 실제로는 공부를 잘하는 학생의 확률이 더 높습니다. 이는 수학적으로 계산해서 아는 것이 아니라 우리가 경험적으로 관찰한 결과에 따라 아는 사실입니다.

그래서 고등학교에서 진학 지도를 하는 선생님들은 학교 성적과 수능 모의고사 점수, 수능 결과 등을 고려해서 학생이 어느 대학교에 입학할 수 있는지를 판단합니다. 이는 오랜 기간 대학교 입시생의 성적을 분석해 얻은 확률입니다. 관련 자료를 바탕으로 학생의 입학 가능성을 예측하는 것입니다.

이처럼 다양한 자료를 바탕으로 관찰하거나 실제로 실험해서 어떤 확률을 구하는 것을 **통계적 확률**이라고 합니다. **동일한 사건을 여러 번 반복해 그 사건이 일어날 확률이 어떤 값에 가까워질 때 그 값**을 말합니다. 다른 말로 경험적 확률이라고도 합니다.

올해 서울대학교에 입학하기 위한 커트라인을 정할 때, 지금까지 서울대학교에 입학한 학생의 성적을 고려해서 만듭니다. 따라서 내가 그 성적에 가까운지가 확률에도 반영되어야 합니다. 사실 이 경우는 계산하기가 매우 어려우니 간단히 통계적 확률이 무엇인지 이해하는 정도로만 알아 두세요.

사회 현상은 왜 예측하기 어려울까?

물의 끓는점은 100도입니다. 따라서 100도가 되면 물이 끓을 것으로 정확하게 예측할 수 있습니다. 자연 현상이나 수학적 현상은 이처럼 정확한 예측이 가능하지만, 사회 현상은 그렇지 않습니다. 인간의 감정이나 의지에 따라 달라지는 사회 현상은 '확률적으로 그런 양상이 나타날 가능성이 높다'라고만 이야기할 수 있습니다. 개연성의 원리가 적용되는 것입니다.

수능을 예로 들어 볼까요? 수능을 보고 실제로 받은 점수를 원점수라고 합니다. 수능이 끝나고 정답이 발표되면, 자신의 원점수만 알 수 있습니다. 그런데 이것만으로 원하는 대학교에 갈 수 있을지 판단하기는 어렵습니다. 같은 날 시험을 본 다른 학생의 선택과목과 평균, 표준점수, 등급 등이 입학 커트라인에 중요하게 사용되기 때문입니다.

위 예시에서 볼 수 있듯이 내가 아무리 잘해도 우리는 주변 사람과 다양한 사회 현상의 영향을 받습니다. 그러다 보니 수학적 확률보다는 통계적 확률을 적용해야 하는 경우가 많습니다. 이를 위해 다양한 통계 자료를 파악해 예측하는 식을 만들어 냅니다.

이런 것도 생각해 볼 수 있습니다. 세상에는 확률적으로 불가능한 일도 지극한 정성과 마음으로 이루어지는 경우가 있습니다. 반면에 매우 높은 확률로 당연히 이루어질 것이라 여겼던 일이 예상과 아예 다른 방향으로 나아가기도 합니다. 물론 그렇다고 사회 현상이 확률과 상관없이 우연으로만 나타난다는 이야기는 아닙니다.

사회 현상을 여러 번 관찰하면 어떤 것이 일어날 확률을 구하기가 더 쉬워지고 그 확률의 정확도도 높아집니다. 개인의 꾸준한 노력으로 확률을 높이는 경우도 있습니다. 그러니 우리가 살아가는 동안 로또 같은 행운에 기대기보다는 노력으로 확률을 변화시킬 수 있는 일에 집중하면서 삶의 방향을 잡는 것이 중요합니다. 오늘 나의 어떤 행동이 내일의 나를 위한 확률을 만들어 낼 수 있으니까요.

토론해 볼까요?

- 우리가 보는 사회 현상 중에서 확률이 1에 가까운 것은 무엇일까?
- 내가 바라는 것을 이루기 위한 확률을 높이려면 어떻게 해야 할까?

불법체류자 범죄 증가, 그 이유는?

범죄자 수와 범죄자 비율

2000년대로 접어들면서 우리나라에 이주민이 늘었습니다. 그들 중에는 불법으로 머물고 있는 사람도 있습니다. 그런데 이런 불법체류자가 늘어나면서 이들의 범죄도 증가한다는 기사가 많아지고 있습니다. 이에 정화네 모둠은 이주민이나 불법체류자의 범죄, 우리 사회의 불법체류자 혐오 현상 등 다양한 측면을 통계적으로 살펴보는 프로젝트를 하기로 했습니다.

정화네 모둠에서는 '불법체류자 범죄'라는 표현이 들어간 뉴스 자료를 먼저 읽고, '이주민 혐오'라는 표현이 들어간 뉴스 자료도 같이 찾아 읽기로 했습니다. 자료를 정리하니 다음과 같은 기사를 확인할 수 있었습니다.

- 불법체류자 범죄자, 5년 전과 비교해 12명에서 105명으로 큰 폭 증가
- 불법체류 외국인 범죄 갈수록 증가해…
- 국내 불법체류자 1년에 10만 명 늘어…
- 위험한 불법체류자? 혐오에 두 번 우는 이주민들

정화네 모둠은 각자 조사해 온 자료를 바탕으로 더 알아볼 내용을 질문으로 만들어 보았습니다. 정화네 모둠이 불법체류자 범죄와 혐오에 관해 만든 질문 목록을 같이 살펴볼까요?

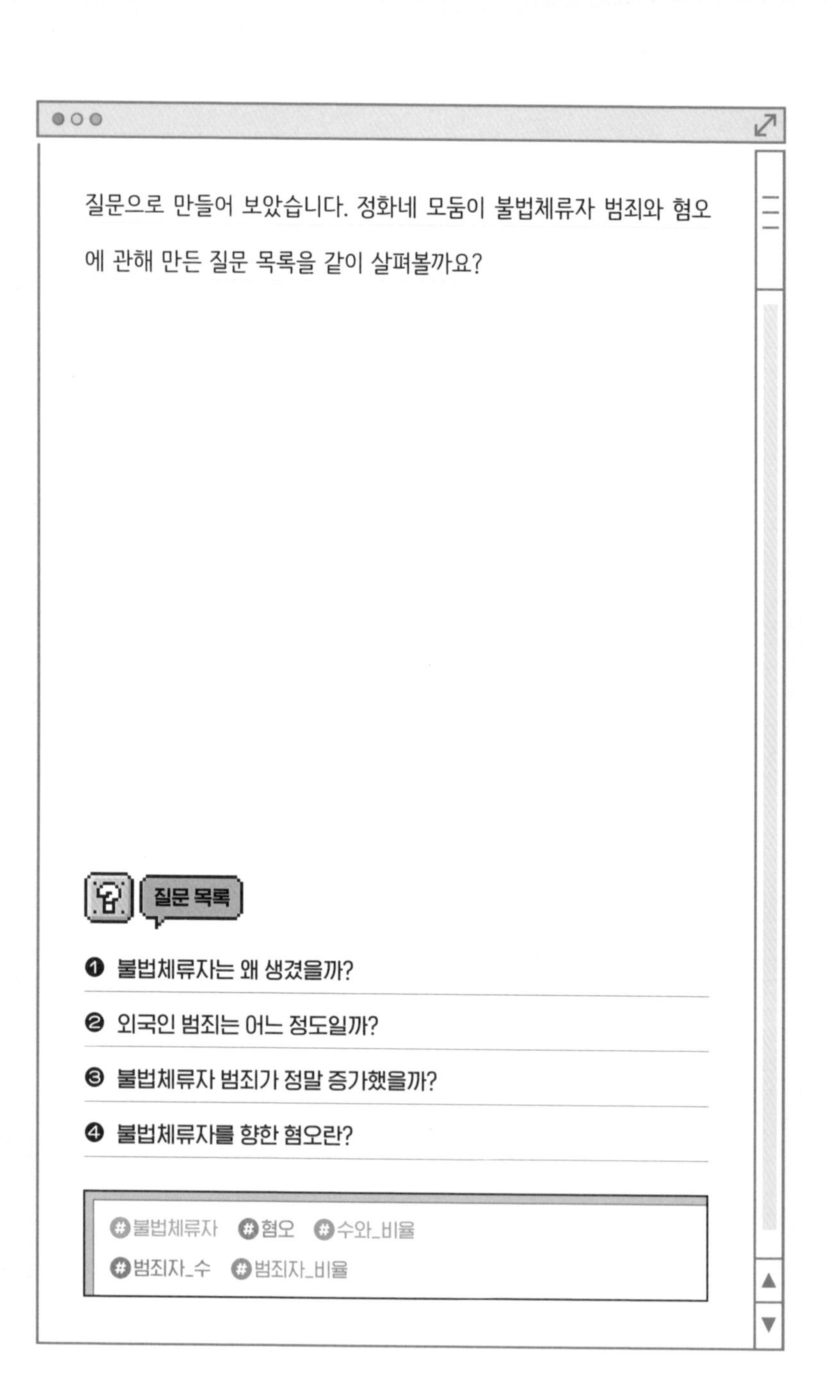

질문 목록

❶ 불법체류자는 왜 생겼을까?

❷ 외국인 범죄는 어느 정도일까?

❸ 불법체류자 범죄가 정말 증가했을까?

❹ 불법체류자를 향한 혐오란?

#불법체류자 #혐오 #수와_비율
#범죄자_수 #범죄자_비율

불법체류자는 왜 생겼을까?

6·25전쟁을 거치며 경제적으로 어려웠던 우리나라 사람들은 1960년대 이후 달러를 벌기 위해서 중동이나 독일 등으로 나가 일을 했습니다. 그들이 벌어들인 달러는 우리나라가 경제성장을 이루는 기반이 되었지요.

1980년대에 접어들어 우리나라는 1986년 아시안게임, 1988년 올림픽을 개최했고, 경제가 발전하면서 1인당 국민소득도 증가했습니다. 이제는 외국에서 노동자를 파견받아야 하는 상황이 되었지요. 일손이 필요한 일은 대부분 노동 강도가 높아서 한국 사람들은 일하려고 하지 않았기 때문입니다.

과거 한국은 다른 나라에 비해 폐쇄적이었고, 한국에 거주하는 외국인도 많지 않았습니다. 이방인을 이상하게 바라보는 시선이 많을 때였습니다. 그러다 보니 외국에서 온 노동자를 '산업연수생'이라고 부르면서 일손이 부족한 회사에서 일하도록 했습니다. 이때가 1994년입니다. 당연히 한국인 노동자와는 월급이나 노동 조건에서 차이가 났습니다.

당시 산업연수생은 우리 정부에서 정해 준 회사에서만 일하고, 최대 3년 동안 한국에 머물 수 있었습니다. 그런데 기간이 끝나서 자신의 나라로 돌아가야 하는 이들 중 일부가 정해진 근무지를 이

탈해 한국에 불법으로 머무는 경우가 생겼습니다. 이들이 바로 불법체류자입니다.

스스로 원해서 불법체류자가 되기도 했지만, 회사가 불법체류자를 만들기도 했습니다. 일을 잘하는 이들을 불법으로 붙잡아 두고 적은 임금으로 일을 시키려 한 것이지요. 그래서 여권을 빼앗기고 불법체류자가 된 사람이 일상생활 없이 공장에서 일만 하거나, 일하다가 다쳐도 치료를 받지 못하는 인권 문제가 생기기도 했습니다.

산업연수생 제도는 2004년부터 외국인 노동자 고용허가제로 바뀌었습니다. 이에 따라 회사에서 내국인 노동자가 부족하니 외국인 노동자를 고용하겠다는 내용을 정부에 제출하면 정부가 심사합니다. 그리고 이듬해 필요한 외국인 노동자 수가 정해지면 정부가 허락한 수만큼 외국인 노동자가 한국으로 들어와서 일하고 있습니다. 이제 허가를 받고 일하는 노동자가 된 것이죠.

그런데 고용허가제에도 한국에서 일할 수 있는 기간이 정해져 있습니다. 일부가 기간이 끝나도 돌아가지 않고 한국에 남아 불법체류자가 되었습니다. 이들이 한국에 남는 이유는 대부분 고국의 가족 때문입니다. 한국에서 번 돈을 고국으로 보내면 그 돈으로 가족이 생활하고 동생이나 자녀가 교육을 받을 수 있기 때문입니다. 과거 우리나라 노동자가 독일과 중동에 가서 번 돈으로 우리나라에 있던 가족이 먹고살고 공부했던 것과 마찬가지입니다.

이들 외에도 우리나라 정부의 허락을 받지 않고 배를 타고 몰래 들어와서 사는 경우, 한국에 유학을 와서 공부 대신에 허가받지 않는 일을 하는 경우 등 불법체류자는 다양합니다. '불법'이라는 표현 때문인지 불법체류자를 범죄와 연결해 바라보는 시선이 많습니다. 불법체류자, 이들은 누구일까요? 정말로 범죄와 관련성이 높을까요?

외국인 범죄는 어느 정도일까?

대부분의 나라에서는 외국인이 입국해 국내에 머무르는 것에 대한 허가 사항이나 통계를 법무부에서 관리합니다. 우리나라도 외국인에 관한 통계는 대부분 법무부에서 관리하지요. 법무부에서는 매년 그리고 매달 한국에 체류 중인 외국인 수를 통계로 제시합니다.

2021년 12월 법무부 통계에 따르면 한국에 체류하는 외국인은 195만 6,000여 명이었습니다. 대한민국 인구가 5,000만 명이 넘는데 200만 명 정도가 외국인이니, 대한민국 인구의 대략 4%가 외국인인 셈입니다. 많은 것 같지만 코로나19로 줄어든 수치입니다. 코로나19가 발생하기 전인 2019년에는 한국에 머물고 있는 외국인 수가 252만 명 정도였습니다.

2021년 12월 법무부 통계에 따르면, 우리나라에 거주하는 불법체류자는 38만 8,000명 정도입니다. 이들은 국내에 합법적으로 들어왔으나 법무부가 허가한 기간이 끝났는데도 법적으로 돌아간 기록이 없는 사람들입니다. 코로나19로 불법체류자 수도 이전보

누가 한국인이고 누가 외국인일까?

한국인과 외국인을 어떻게 구별할까요? 외국인은 법적으로 한국 국적을 가지지 않은 사람을 말합니다. 그래서 다수의 한국인과 외모가 비슷하거나 한국인의 후손일지라도 한국 국적이 없다면 한국인이 아닙니다. 반면에 다수의 한국인과 피부색, 언어 등에서 차이가 있거나 한국인의 후손이 아니더라도 한국 국적을 가졌다면 한국인입니다.

대한민국 국민이냐 아니냐 하는 것은 국적에 따라 결정됩니다. 단군의 후손이어서, 한국말을 써서, 한국의 전통문화를 잘 알아서 한국인이 되는 것은 아닙니다. 한국 국적을 가진 한국인인데도 외모나 언어, 문화를 보고 외국인이라고 생각하는 잘못된 인식은 버려야 합니다. 더구나 지금은 지구촌 시대입니다. 우리 모두가 지구라는 행성에서 살아가고 있다는 점을 기억합시다. 모두가 차별받지 않고 존중받아야 하는 다 같은 인류입니다.

다 줄어들었습니다.

불법체류자는 한국에 머무는 것을 법적으로 허락받지 못했기에 문제가 되는 상황에 놓여 있습니다. 그런데 문제 상황에 놓인 사람을 바라보는 관점이 두 가지 있습니다. 하나는 그 사람이 문제를 일으켰다고 보는 관점이고, 다른 하나는 문제를 일으킬 수밖에 없는 환경을 보는 관점입니다. 전자는 문제의 원인을 개인적인 측면에서 찾고, 후자는 사회구조적인 측면에서 찾습니다.

그런데 뉴스나 기사, 그에 달린 댓글을 보면 불법체류자 현상을 사회구조적인 측면보다는 개인적인 측면으로만 바라보는 경향이 있습니다. 특히 불법체류자를 문제가 있거나 문제를 일으킬 위험한 사람으로 바라보는 시선이 강하지요. 불법체류자를 범죄와 연관해 설명할 때 통계를 어떤 식으로 제시하는지 보면 이 사실을 알 수 있습니다.

일단 그전에 한국인과 외국인의 범죄를 살펴보겠습니다. [표 1]은 2020년 한국인과 국내 체류 중인 외국인의 인구수와 범죄자

구분	한국인	외국인	전체
인구수	약 50,133,000명	약 1,696,000명	약 51,829,000명
범죄자 수	1,459,031명	35,390명	1,494,421명

표 1. 2020년 한국의 국적별 범죄 현황

수를 나타낸 것입니다. 사실 이 수치만으로는 한국인과 외국인 중 어떤 집단의 범죄가 더 많은지 판단하기 어렵습니다. 집단끼리 비교할 때는 해당 집단의 전체 수가 같다고 가정한 후 비교해야 하는데, 한국인과 외국인의 수가 크게 차이 나기 때문입니다. 이 경우에는 집단 간 비교를 위해서 비율을 구해야 합니다. 즉, 범죄자 수가 아니라 비율로 살펴봐야 정확하게 비교할 수 있습니다.

어떤 비율을 구해야 할까요? [표 1]을 바탕으로 세 가지 비율을 구할 수 있습니다. 오른쪽 그림을 볼까요? 자, 그림의 A를 보면 한국인 중 범죄자 비율은 2.9%이고, 외국인 중 범죄자 비율은 2.1%입니다. A를 보고 "2020년 범죄 현황을 보면 한국인 중 범죄자 비율이 외국인 중 범죄자 비율보다 높다"라고 표현할 수 있죠. B를 보면 "2020년 전체 범죄자 중에서 외국인의 비율은 2.4%다"라고 표현할 수 있습니다.

그렇다면 "한국에서 외국인 범죄가 많다"라는 것이 참인지 거짓인지를 증명하기 위해서는 어느 비율을 사용하는 것이 맞을까요? 네, A를 사용하는 것이 맞습니다. 그런데 단순히 "2020년 전체 범죄자 중에서 외국인의 비율이 2.4%나 된다"라거나 "범죄자가 1,000명 있으면 그중 24명은 외국인이다"라면서 외국인 범죄가 심각하다고 말하는 것은 문제가 됩니다.

만약 B를 사용하고 싶다면 아래에 있는 C를 함께 살펴봐야 합니

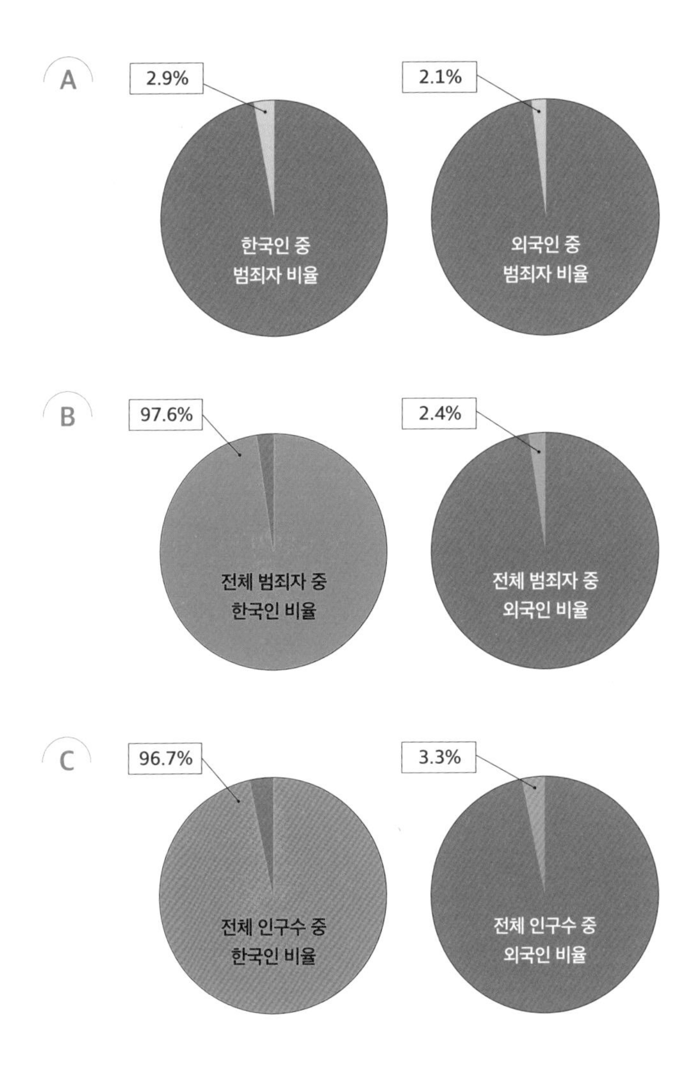

2020년 한국의 국적별 범죄자 비율

다. 다시 말해 "2020년 전체 인구수 중에서 외국인의 비율은 3.3%인데, 전체 범죄자 중에서 외국인의 비율은 2.4%이니 한국인에 비해 외국인의 범죄율은 낮은 편이다"라고 분석하는 것이 맞습니다. [표 1]을 바탕으로 여러분이 다양한 측면에서 비율을 직접 비교해 보면 좋겠네요.

불법체류자 범죄가 정말 증가했을까?

자, 그러면 불법체류자의 범죄는 어떠한지 앞과 같은 방식으로 고려해 볼까요? 불법체류자의 범죄 통계는 가장 최근의 공식 자료인 2017년 통계를 활용해야 합니다. [표 2]는 한국인, 외국인, 불법체류자의 인구수와 범죄자 수, 그리고 이들 세 집단의 인구수 대비 범죄자 수의 비율을 제시한 것입니다.

구분	한국인	외국인	불법체류자
인구수	49,943,260명	2,180,498명	259,519명
범죄자 수	1,651,556명	33,905명	3,504명
인구수 대비 범죄자 비율	3.3%	1.6%	1.4%

표 2. 2017년 한국인, 외국인, 불법체류자의 범죄 현황

[표 2]를 보면 2017년에 한국인 중 범죄자 비율은 3.3%이고, 외국인 중 범죄자 비율은 1.6%이며, 불법체류자 중 범죄자 비율은 1.4%입니다. 이를 토대로 "불법체류자의 범죄율이 한국인이나 외국인의 범죄율보다 낮다"라고 주장할 수 있습니다. 다만 [표 2]의 자료 중 한국인과 외국인의 범죄에 한정해 117쪽의 A와 비교하면 [표 3]과 같은 자료를 만들 수 있습니다.

구분	2017년		2020년	
	한국인	외국인	한국인	외국인
인구수 대비 범죄자 비율	3.3%	1.6%	2.9%	2.1%

표 3. 2017년, 2020년 한국의 국적별 범죄자 비율

[표 3]을 보면 한국인 중 범죄자 비율은 2017년에는 3.3%이고 2020년에는 2.9%이지만, 외국인 중 범죄자 비율은 2017년에는 1.6%이고 2020년에는 2.1%입니다. 이 자료를 토대로 "외국인 중 범죄자 비율은 2017년에 비해 2020년이 더 높다"라고 하는 것은 맞지만, "외국인 중 범죄자의 비율이 2017년 이후 증가했다"라거나 "외국인 중 범죄자 비율은 2017년 이후 지속적으로 증가했다"라고 표현하는 것은 잘못되었습니다.

[표 3]에는 단순히 2017년과 2020년 자료만 제시될 뿐, 2018년

과 2019년 자료가 없기 때문에 '지속적인지' 보여 주지 못합니다. 특히 2020년의 경우 코로나19 상황에서 나타난 현상일 수 있어서 2020년 이후의 통계를 보면서 외국인 범죄자 비율이 증가하는지 살펴봐야 합니다.

또 다른 통계를 살펴보겠습니다. 오른쪽 그래프는 2014년부터 2018년까지 국내 외국인, 불법체류자의 수를 제시한 경찰청 통계입니다. 재판을 하기 전에 범죄를 저지른 것으로 의심받는 사람인 피의자 통계를 함께 보여 주고 있습니다. 한국에 머무는 외국인 중에서 피의자인 사람은 2014년부터 조금씩 증가하다가 2017년부터는 다시 감소하고 있습니다. 이렇게 보면 최근에 다시 늘었을 수도 있고 감소했을 수도 있습니다.

지금까지 살펴본 여러 자료를 고려하면 불법체류자 중 범죄자의 비율이 한국인 중 범죄자의 비율에 비해 더 높다거나 외국인 중 범죄자의 비율에 비해 더 높다는 증거는 없습니다. 어쩌면 불법체류자라는 표현에 담긴 '불법'이라는 용어가 만들어 낸 편견일 수 있습니다. 그래서 불법체류자의 인권을 위한 사회운동을 하는 사람들은 이 용어 대신에 '비법체류자'를 사용하자고 제안합니다. 또한 이들의 범죄를 부각하는 것은 불법체류자에게 혐오를 드러내는 행위라고 지적합니다.

외국인 수

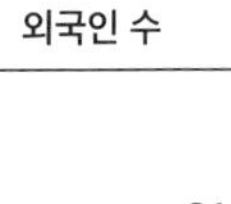

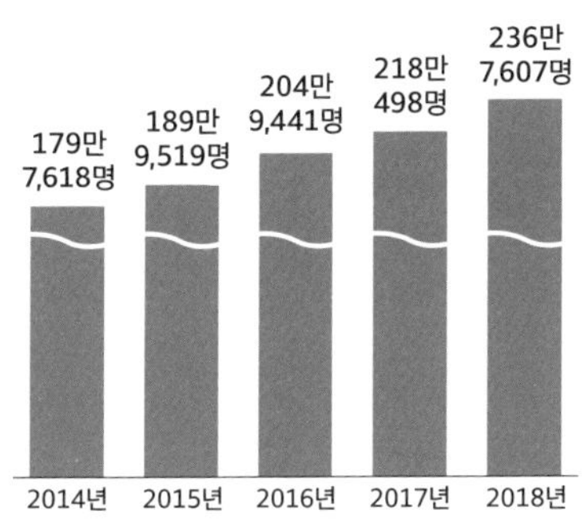

불법체류자 수

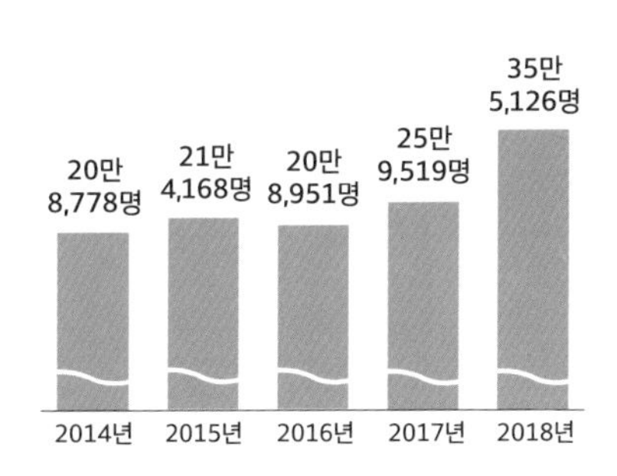

외국인 피의자 수

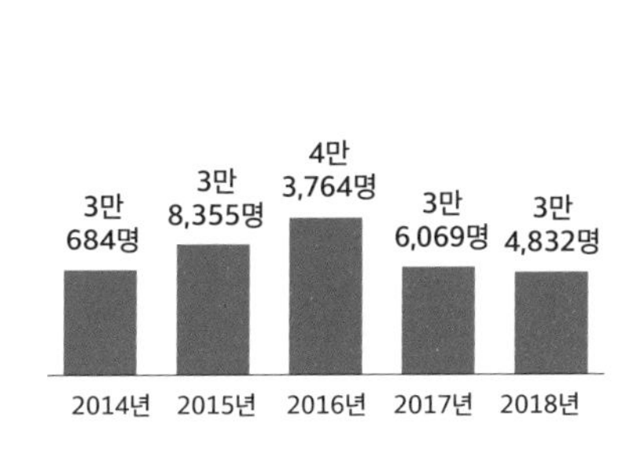

한국 거주 외국인 중 피의자 비율

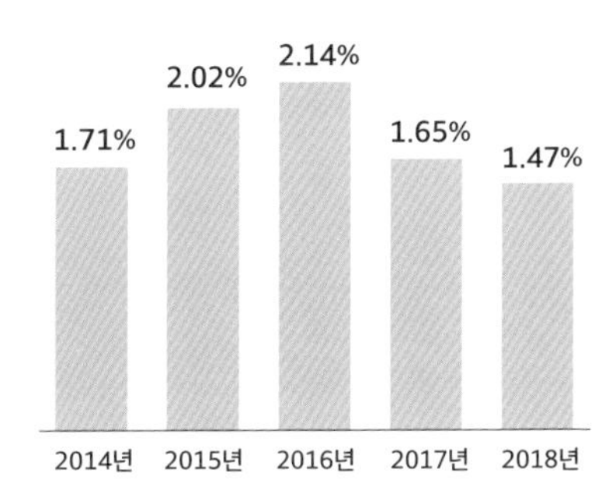

연도별 국내 외국인, 불법체류자, 외국인 피의자 추이

불법체류자를 향한 혐오란?

지금까지 살펴본 통계와 달리 사람들은 불법체류자의 범죄가 아주 심각하다고 이야기합니다. 혹시 혐오에 바탕을 둔 표현이 아닌지 생각해 보아야 합니다. 불법체류자만이 아니라 한국에 머무는 외국인에 대한 혐오도 매우 심각합니다. 혐오란 무엇을 말하는 것일까요? **혐오는 사회적 소수자가 주류 집단과 다르다는 이유만으로 그들을 싫어하거나 증오하거나 불쾌하게 여기는 매우 강한 감정**을 말합니다.

혐오는 혐오의 대상이 되는 사람 때문이 아니라 혐오하는 사람의 인식 문제로 생깁니다. 혐오의 가장 큰 특징은 공개적으로 혐오를 표현하는 것입니다. 혐오 표현은 말이나 글 이외에도 장식, 액세서리, 옷이나 모자 등의 글이나 그림 등 다양합니다. 일부 나라에서는 혐오 표현을 범죄로 여기고 처벌합니다. 우리나라에서도 혐오 표현이 사회적 문제가 되면서 이를 법적으로 처벌해야 하는지에 대해 논의 중입니다. 관련 법령을 국회에서 논의하기도 했습니다.

외국인, 불법체류자에 대해 혐오 표현을 하는 사람들은 종종 사실을 말하는 것처럼 구체적인 자료를 제시하면서 혐오 표현을 포장합니다. 대표적인 예가 바로 통계를 이용하는 것입니다. 통계를 이용해 표현하는 데에는 가치 중립적인 것처럼 보이려는 의도가 숨어 있습니다. 그러나 앞에서 보았듯 통계에서 수나 비율 등을 정확하게 사용하지 않으면 사실이 아닌 거짓을 이야기하거나 왜곡된 이야기를 하게 됩니다.

우리나라 사람들도 외국에 공부나 일을 하러 가고 여행을 가는 경우가 많습니다. 종종 외국에서 '찢어진 눈'과 같이 아시아인에 대한 혐오 표현을 경험한 사람들의 이야기가 뉴스에 보도됩니다. 그때 여러분은 어떤 감정이 드나요? 분노가 느껴지면서 '자기네들은 무슨 특별한 인간이라고 저런 짓을 하나?'라는 생각이 들지 않나요?

우리나라에서 혐오 표현을 경험하는 외국인들과 불법체류자들도 마찬가지입니다. 불법체류자는 그런 혐오 표현을 들어도 될까요? 세상에 혐오를 당해도 마땅한 사람은 없습니다. 저와 여러분을 포함해서 말입니다. 그렇다면 외국인, 불법체류자에 대한 혐오가 담긴 기사나 댓글을 우리는 어떻게 생각해야 할까요? 그런 내용에 동조하기보다는 혐오 표현을 하는 사람의 잘못을 밝혀야 합니다. 그리고 정확한 통계 해석으로 그들의 잘못을 드러내는 것도 멋진 일이 될 것입니다.

토론해 볼까요?

- 혐오 표현을 법적으로 처벌해야 할까?
- 통계를 이용한 혐오 표현이 위험한 이유는 무엇일까?

인구 절벽,
대한민국이 사라지는
시대가 온다

출산율과 출생률

정화네 모둠은 이번에 인구 관련 통계 프로젝트를 하게 되었습니다. 일단 뉴스 자료를 먼저 읽고 모둠원과 토의한 후 세부 주제를 정하기로 했어요. 정화는 인터넷에서 뉴스를 검색해서 읽다가 다음과 같은 기사를 보고 화들짝 놀랐습니다.

- 인구 절벽, 30년 후 시·군·구 중 50%가량 사라져…
- 출산율 1명 이하, 대한민국이 사라져 간다
- 아이 울음소리 희미해져… 부양해야 할 인구가 늘어난다

사실 초등학교 때부터 우리나라의 저출산·고령화 문제가 심각하다고 배웠지만, '사람들이 아이를 적게 낳나 보다'라고만 생각했습니다. 그런데 인구 관련 통계 프로젝트를 위해서 기사를 찾아보니 문제가 생각보다 더 심각하고, 알지 못했던 새로운 문제가 있다는 사실을 알게 되었습니다. 단순히 태어나는 아이들의 수가 줄어든다고만 여겼는데, '인구 절벽'이라는 표현까지 나올 정도인 것을 보니 정말로 심각한 문제라는 생각도 들었습니다.

정화네 모둠은 각자 조사해 온 뉴스 자료를 서로에게 소개한 후, 인구 통계와 양상에 대해 더 자세히 살펴보기로 했습니다. 그리고 이

를 질문으로 만들어서 각자 그 답을 정리하기로 했죠. 정화네 모둠이 만든 질문 목록을 함께 살펴봅시다.

질문 목록

❶ 합계출산율 1.0명은 왜 문제일까?

❷ 출산율과 출생률은 무엇이 다를까?

❸ 한국의 인구는 어떻게 변할까?

❹ 인구부양비란 무엇일까?

❺ 고령화 사회, 고령 사회, 초고령 사회?

❻ 인구가 줄어들면 한국은 정말 사라질까?

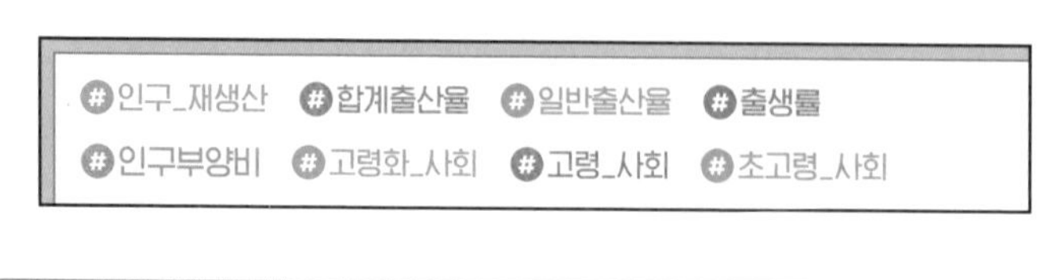

합계출산율 1.0명은 왜 문제일까?

한 나라의 인구는 전체적으로 태어나는 인구와 사망하는 인구를 함께 고려해야 정확하게 이해할 수 있습니다. 현대 사회에서는 보건이나 의료 기술이 발달하면서 일찍 죽는 경우가 줄었습니다. 반대로 발전한 사회일수록 태어나는 아이의 수가 줄어들고 있죠. 저출산 고령화 사회가 되는 것입니다.

이런 현실에서 "첫째 아이는 부모를 위해, 둘째 아이는 국가를 위해"라는 표어를 출산 장려 문구로 내거는 나라도 있었습니다. 우리나라에서도 2004년에 "아빠, 혼자는 싫어요. 엄마, 저도 동생을 갖고 싶어요"라는 표어를 인구 표어 공모 우수작으로 선정한 적이 있었죠. 이후 "한 자녀보다는 둘, 둘보단 셋이 더 행복하답니다"라는 표어를 내놓기도 했어요. 저출산·고령화 사회에서 아이가 적게 태어나는 것을 바꾸어 보려는 작은 노력입니다.

젊은 세대는 결혼하고 아이 낳는 일에 어려움을 호소하면서 되도록 늦게 결혼하고 아이를 적게 낳으려고 합니다. 반면에 대부분의 국가에서는 아이를 2명 이상 낳아 주기를 바랍니다. 왜 그럴까요? 현재 세대에서 부부가 자녀를 2명 이상은 낳아야 다음 세대가 유지되어 인구가 줄어들지 않기 때문입니다.

사회 현상을 연구하는 사회학자들은 결혼 제도의 중요한 기능 중 하나가 인구 재생산이라고 말합니다. 여기서 말하는 **인구 재생산이란 부부가 아이를 낳아 사회 구성원을 충원하는 일**을 가리킵니다. 현재 세대가 출산을 통해 다음 세대를 살아갈 아이를 낳는 일을 말하죠. 현재 세대만이 아니라 다음 세대, 또 그다음 세대가 이어져야 사회가 존재할 수 있기 때문입니다.

그래서 많은 나라에서 여성 1명이 일생 동안 몇 명의 아이를 낳는지와 관련한 통계를 중요하게 여깁니다. 이것이 바로 **합계출산율이지요. 임신이 가능한 연령의 여성이 평생 낳을 것으로 예측되는 자녀 수**를 말합니다. 임신이 가능한 여성(가임 여성)의 연령은 나라마다 조금씩 다르게 보는데, 우리나라의 경우는 15세부터 49세까지입니다.

합계출산율은 어떻게 계산할까요? 사실 통계청에서 계산하는 방법은 무척 복잡합니다. 간단하게 그해의 15세부터 49세에 해당하는 여성의 평균 자녀 수를 말한다는 정도로만 이해해도 충분합니다. '율'이라는 표현을 사용하지만 실제로는 자녀 수를 나타내니 단위를 '명'이라고 해야 합니다.

합계출산율이 2.0명이라는 것은 여성이 평생 동안 평균 2명의 자녀를 낳을 것으로 예측한다는 뜻입니다. 출산은 여성이 하지만, 인구 변화에서는 남과 여를 모두 고려해야 하기에 여성 1명이 살면서 2명의 자녀를 평균적으로 낳아야 사회가 유지된다고 봅니다. 안타깝게도 일찍 사망하는 아이들도 있기에, 보통은 사회가 적정히 유지되기 위해서는 합계출산율이 2.1명 정도가 되어야 한다고 말합니다.

국가의 인구를 예측하는 뉴스에서 제일 많이 나오는 통계가 바로 이 합계출산율입니다. 합계출산율이 2.0명 미만이라면 전체 인구가 줄어들 가능성이 크죠. 그런데 근래 기사를 보면 우리나라의 합계출산율은 1.0명에 가깝거나 이보다 낮습니다. 1.0명은 인구가 줄어들지 않을 최소한의 수준인 2.0명의 절반입니다. 국가 입장에서 보면 위험한 수치이지요. 인구가 기하급수적으로 줄어들 가능성이 높다는 뜻이니까요.

출산율과 출생률은 무엇이 다를까?

아이가 적게 태어나는 현상이 사회적으로 문제가 되면서 합계출산율을 2.1명 가까이 높일 수 있는 출산 장려 정책을 펴야 한다는 이야기가 나옵니다. 이와 관련해 '출산'이라는 표현이 문제라는 주장도 있습니다. 출산이라는 단어가 아이를 낳는 것을 가리키기 때문입니다. 저출산 문제의 책임을 아이를 낳는 주체인 여성에게 부과하는 모양이 된다는 것이지요.

여성이 아이를 낳는 것은 지극히 개인적인 선택입니다. 그런데 합계출산율이라는 이름으로 인구 문제의 심각성을 강조하다 보니, 여성을 아이 낳는 수단으로 보는 관점이 두드러집니다. 그래서 여성에게 책임을 전가하는 '출산'이라는 표현보다는 아이가 태어난다는 의미인 '출생'이라는 표현을 써야 한다는 주장이 나왔지요.

사실 통계적으로 출생률과 출산율, 합계출산율은 다 다른 개념입니다. 일반적으로 **출생률은 그해 태어난 아이의 수에 대해 전체 인구를 1,000명으로 기준 삼아 환산한 것**입니다. 이를 수식으로 표현하면 다음과 같습니다.

$$\frac{\text{당해 연도 출생아 수}}{\text{당해 연도 인구수}} \times 1{,}000$$

인구 관련 통계는 대부분 백분율이 아니라 천분율을 사용합니다. 이는 전체 인구가 워낙 큰 수여서 그렇습니다. 통계 결과로 소수점 이하의 낮은 수가 아니라 조금 높은 수를 구하기 위해서죠. 출생률도 1,000을 곱해 값을 얻는 천분율을 사용합니다. 정확하게는 조출생률이지만 보통은 줄여서 출생률이라고 합니다.

그렇다면 출산율은 무엇일까요? 이는 앞에서 본 합계출산율과 달리 일반출산율을 줄여서 부르는 말입니다. **일반출산율은 그해 태어난 아이의 수를 당해 연도 가임 여성의 인구수로 나눈 것에 1,000을 곱한 값**입니다.

백분율과 천분율은 어떻게 다를까?

백분율은 전체를 100으로 했을 때 어떤 것이 차지하는 정도의 비율을 말합니다. 백분율을 구하면 비교하는 집단 사이에 분모가 되는 전체의 수가 다르더라도 정도를 비교하기가 쉽죠. 예를 들어 전체 학생 수가 650명인 A 학교에서 핸드폰을 가진 학생이 458명이고, 전체 학생 수가 250명인 B 학교에서 핸드폰을 가진 학생이 180명인 경우를 생각해 봅시다.

A 학교에서 핸드폰이 있는 학생을 백분율로 환산해 볼까요? 핸드폰을 가진 학생 458명을 전체 학생 650명으로 나눈 후 100을 곱하면 70.5%가 됩니다. 이는 A 학교의 학생이 100명이라면 약 70명이 핸드폰을 가졌다는 의미죠. B 학교의 경우, 핸드폰을 가진 학생 180명을 전체 학생 250명으로 나눈 후 100을 곱하면 72%가 됩니다. 이는 B 학교의 학생이 100명이라면 72명이 핸드폰을 가졌다는 의미죠. 두 학교를 비교하면 전체 학생 중 핸드폰을 가진 학생의 비율이 높은 곳은 B 학교입니다.

이처럼 백분율은 전체의 수가 다른 여러 집단을 비교하는 데 도움을 줍니다. 그러다 보니 일상생활에서 통계를 비교하기 위해서 가장 많이 사용하지요. 백분율은 퍼센트(%)로 표시합니다.

이와 달리 천분율은 전체를 1,000으로 했을 때 어떤 것이 차지하는 정도의 비율을 말합니다. 퍼밀(‰)이라는 단위로 표시하죠. 천분율은 인구 통계인 사망률이나 출생률에 많이 사용합니다. 백분율 대신 천분율을 사용하는 이유는 무엇일까요? 전체 인구수가 워낙 크다 보니, 백분율로 바꾸면 종종 소수점 이하인 경우도 있어서 그렇습니다. 조금 큰 숫자를 사용하기 위해서 천분율을 사용하는 것이죠. 어떤 나라의 그해 전체 인구수가 5,000만 명인데 태어난 아이의 수가 6만 명이라고 해봅시다. 출생률을 백분율로 계산하면 0.12%이지만 천분율로 계산하면 1.2‰이 됩니다. 백분율보다 천분율로 나타낸 수치가 더 보기 편합니다. 천분율로 구한 값을 백분율과 구분하기 위해서 조출생률과 같이 앞에 '조'를 붙이기도 합니다.

이렇게 보면 출생률 계산에는 가임 여성이 고려되지 않는다는 것을 알 수 있습니다. 반면에 출산율에서는 일반출산율이든 합계출산율이든 가임 여성의 수가 항상 분모가 됩니다. 그래서 출생률이 아닌 출산율로 저출산 문제를 이야기하는 것은 출산을 적게 하는 여성에게 책무를 돌리는 것이니, 출산 대신 출생이라는 표현을 사용하자고 주장하는 것입니다.

최근 인구 관련 뉴스나 정부 정책을 보면, 저출산이라는 표현 대신 저출생이라는 표현을 사용하기 시작했습니다. 그러나 세계 대부분의 나라에서 아이가 적게 태어나는 것과 관련한 통계를 비교할 때 여전히 합계출산율을 사용합니다. 따라서 저출생이라는 표현은 혼란을 줄 수 있습니다. 출생률이 아니라 합계출산율을 통해 몇 명인지를 파악하는 것이 인구 증가나 감소 경향을 더 정확하게 파악할 수 있기 때문입니다.

한국의 인구는 어떻게 변할까?

통계청 홈페이지kostat.go.kr에 들어가면, 그해 우리나라 총인구를 대략적으로 계산한 수인 추계 인구를 확인할 수 있습니다. 2022년 초에 통계청에서는 2022년의 총인구가 5,100만 명보다 조금 더 많을 것이라고 예측했지요. 그리고 2020년의 합계출산율을 계산해 두었는데, 0.837명입니다. 2.0명에 훨씬 못 미치는 수치입니다.

통계청은 우리나라 총인구가 2020년에 가장 많았고 그 이후부터 줄어들 것으로 예측했습니다. 2020년의 합계출산율이 0.837명인 것을 보면 알겠지만 태어나는 아이의 수가 급격하게 줄어들고 있어요. 또한 통계청 자료에 따르면 2020년에 태어난 사람의 수보다 사망한 사람의 수가 더 많아서 인구의 자연 증가분이 감소하기 시작했습니다.

우리나라의 합계출산율이 2.0명보다 낮아진 것은 언제부터였을까요? 1983년 합계출산율은 2.06명이었고, 1984년에 1.74명이 되었습니다. 그 후 1.5명 이상을 유지하다가 1998년에 1.45명이 된 이후 세계가 시선을 집중할 정도로 낮은 합계출산율을 보여 왔습니다. 2020년에는 코로나19로 이 수치가 더 낮아졌고, 드디어 인구의 자연 감소 상태가 나타난 것입니다.

그렇다면 합계출산율이 2.0명 이하로 낮아진 1984년 이후부터 2020년까지 총인구는 왜 늘어났을까요? 이는 사람들의 수명이 증가하고 사망률이 낮아졌기 때문입니다. 과거보다 오래 사는 노인 인구의 증가가 줄어드는 출생아 수를 대체한 것이죠. 지금도 수명이 늘어나며 사망률이 낮아지고 있지만, 이제는 합계출산율이 너무 낮아서 전체 인구를 유지할 수 없는 상황이 되었습니다.

이렇게 되니 인구 절벽이라는 표현까지 나옵니다. 절벽은 더 갈 곳이 없어서 아래로 떨어지는 지형을 말하는데, 인구 감소의 정도가 매우 급격한 상황인 점을 알리기 위해 절벽이라는 표현을 쓴 것입니다. 국민의 수가 급격하게 줄어드는 인구 절벽 현상이 지속되면, 대한민국이라는 국가 자체가 사라지는 시나리오가 어느 날 실제로 일어나지 않을까요?

인구부양비란 무엇일까?

아이는 적게 태어나고 이미 태어난 사람들은 더 오래 산다면 또 어떤 일이 생길까요? 이 질문의 답을 찾기 전에 인구를 연령에 따라 구분하는 기준을 먼저 살펴보겠습니다. 전 세계에서 공통으로 연령에 따라 인구를 구분하는 대표적인 방법이 있습니다. 바로 15세와 65세를 기준으로 삼아 인구를 세 집단으로 나누는 것입니다.

먼저 0세부터 14세까지의 인구를 '유소년 인구'라고 합니다. 그리고 15세부터 64세까지의 인구를 '생산 가능 인구'라고 합니다. 마지막으로 65세 이상 인구를 '노인 인구'라고 합니다. 이들 인구는 또 다른 이름을 가지고 있습니다. 15~64세까지를 부양 인구라고 하고, 유소년 인구와 노인 인구를 합해 피부양 인구라고 부르는 것이죠.

'부양'은 자기 스스로의 힘으로 생계나 일상생활을 꾸리기 어려운 이들을 돕는 일을 말합니다. **부양 인구는 부양을 하는 인구**라는 뜻으로, **부양을 받는 피부양 인구**의 생활을 돕는 역할을 합니다. 그렇다고 개인적으로 찾아가서 직접 돕는다는 뜻은 아닙니다. 부양 인구라는 말은 경제적인 생산 활동을 통해 국가의 부를 형성하고 유지해서 정부가 세금이나 정책 등으로 피부양 인구를 도울 수 있는 점을 고려한 표현입니다.

그런데 저출산·고령화 사회에서는 아이들이 적게 태어납니다. 시간이 지나면 부양 인구가 줄어들고, 피부양 인구인 노인 인구만 늘어나게 됩니다. 그래서 한 사회의 인구 문제와 관련해 합계출산율 말고도 중요한 통계로 사용하는 것이 인구부양비입니다.

인구부양비는 그 사회의 유소년 인구와 노인 인구를 더한 피부양 인구의 수를 15~64세 인구인 부양 인구의 수로 나누고, 그 값에 100을 곱한 것입니다. 인구부양비는 유소년부양비와 노년부양비로 나눌 수 있습니다.

인구부양비는 왜 인구부양(비)율이라고 하지 않고 인구부양비라고 할까요? 대표적으로 비율을 나타내는 백분율은 전체를 100이라고 가정해 계산합니다. 따라서 수식에서 전체 값이 분모가 됩니다. 반면에 인구부양비처럼 '비'를 계산하는 경우에 분모는 전체가 아니라 부양 인구라는 또 다른 집단입니다. 이처럼 어떤 범주의 전체가 아니라 그 안에 있는 다른 집단을 100으로 삼고 계산할 때는 비율이 아니라 '비'라고 합니다. 100을 곱하지만 분모가 전체 값이 아니어서 단위로 %를 사용하지 않습니다.

인구부양비는 부양하기 위해 필요한 비용이 아닙니다. 단순히 부양 인구가 100이라고 했을 때 부양을 받는 피부양 인구가 얼마나 되는지 상대적으로 계산한 값이죠. 인구부양비는 그해의 부양 인구를 100으로 표준화한 것이기에 매년 인구부양비를 비교하면 그 사회의 인구 구조가 어떻게 변하는지 알 수 있습니다. 인구부양비가 높아진다는 말은 부양 인구가 부양해야 할 피부양 인구의 수가 늘어난다는 뜻입니다.

인구 문제를 조금 더 명확하게 파악하기 위해 사용하는 또 다른 통계가 있습니다. 바로 고령화 지수입니다. 노령화 지수라고도 하죠. **고령화 지수는 유소년 인구가 100명이라고 가정했을 때 상대적으로 노인 인구가 몇 명인지 살펴본 값**입니다. 65세 이상 인구(노인 인구)를 14세 이하 인구(유소년 인구)로 나눈 값에 100을 곱해서 구합니다. 이 경우도 사실 '비'지만, 한 사회의 인구 변화를 파악할 수 있는 중요한 값이라는 점에서 '지수'라는 표현을 사용합니다.

고령화 지수가 100이라면, 유소년 인구와 노인 인구가 같다는 의미입니다. 고령화 지수가 100보다 높으면, 분모인 유소년 인구가 분자인 노인 인구보다 적다는 뜻입니다. 반대로 100보다 적으면, 유소년 인구가 노인 인구보다 더 많다는 뜻이 되죠.

우리나라의 고령화 지수는 2017년 105.1로 처음 100을 넘긴 이후 증가하고 있습니다. 그러니 유소년 인구에 비해 노인 인구가 급격하게 늘어나고 있는 셈이지요.

고령화 사회, 고령 사회, 초고령 사회?

인구 문제를 국가 입장에서 생각해 볼까요? 국가의 3요소는 주권, 국토, 국민입니다. 이 중 국민의 경우, 통계적으로는 적정 인구를 보아야 합니다. 적정 인구를 유지하기 위해서는 아이들이 일정하게 태어나야 합니다. 아이가 적게 태어난다면 많이 태어나도록 정책을 펼쳐야 하기에 전년도와 비교해 얼마나 적게 태어났는지를 파악하는 거죠. 이때 사용하는 대표적 통계가 앞에서 본 합계출산율입니다.

반대로 노인 인구가 많아진다면 노인 인구의 행복한 삶을 위한 정책을 펴야 합니다. 국가는 노인 인구를 위해서 다양한 복지 정책을 적용해야 하지요. 생활비가 부족하다면 최소한의 인간다운 삶을 살 수 있는 비용을 제공해야 합니다. 더불어 건강에 문제가 있어 일상에 어려움이 있다면 다양한 방식으로 생활을 지원해야 합니다. 그래서 국가에서는 전체 인구 중에 노인 인구가 차지하는 비율이 어느 정도인지, 노인 인구의 비율이 어떤 모양으로 증가하는지 알기 위해 노력합니다. 그에 따라 정부가 예산을 정하고, 대책을 세울 수 있기 때문입니다.

이때 활용하는 것이 바로 고령 인구 비율입니다. **고령 인구 비율이란 전체 인구 중에서 65세 이상의 노인 인구가 차지하는 비율**을 말합니다. 이는 한 사회의 노인 인구를 전체 인구로 나누고, 그 값에 100을 곱한 백분율로 나타냅니다. 노인 인구와 고령 인구는 같은 표현이라는 점을 기억하세요. 다만 노인 인구에서 '노'는 한자로 '늙을 노'를 쓰기에, 연령이 높은 인구라는 표현으로 '높을 고'를 쓴 고령 인구라고 하는 것입니다.

전체 인구 중 노인 인구가 차지하는 고령 인구 비율에 따라 사회를 고령화 사회, 고령 사회, 초고령 사회로 나눕니다. **고령화 사회란 고령 인구 비율이 7% 이상인 사회**를 말합니다. **고령 인구 비율이 14% 이상인 사회는 고령 사회, 20% 이상인 사회는 초고령 사회**라고 하죠. 이는 국제연합UN에서 사용하는 기준으로, 세계 공통입니다. 고령화 사회보다 고령 사회에서, 그리고 고령 사회보다 초고령 사회에서 노인 복지에 더 많은 돈을 들여야 합니다. 고령화 사회, 고령 사회, 초고령 사회가 순서대로 진행하며, 진행 기간이 얼마나 빠른지가 중요합니다. 복지 비용을 준비할 시간이 필요하기 때문이죠.

그러다 보니 국가별로 고령화 사회, 고령 사회, 초고령 사회에 해당하는 해가 언제인지, 각 지점에서 다른 시기로 넘어가는 데 얼마나 걸릴지 아는 것이 중요합니다. 고령화 사회에서 고령 사회, 고령 사회에서 초고령 사회로 가는 기간이 짧을수록 저출산이 심각하다는 것을 보여 줍니다. 노인 인구를 위한 복지 비용과 관련해 사회적인 부담이 늘어난다는 의미이기도 합니다.

일반적으로 산업화가 빨리 진행된 유럽의 많은 나라가 고령화 사회에서 초고령 사회로 진입하는 데에 걸린 시간이 평균 70년 이상입니다. 그런데 우리나라는 25년이 될 것으로 예측하고 있어요. 같은 아시아권 국가 중 하나인 일본도 36년이 걸렸으니, 우리나라

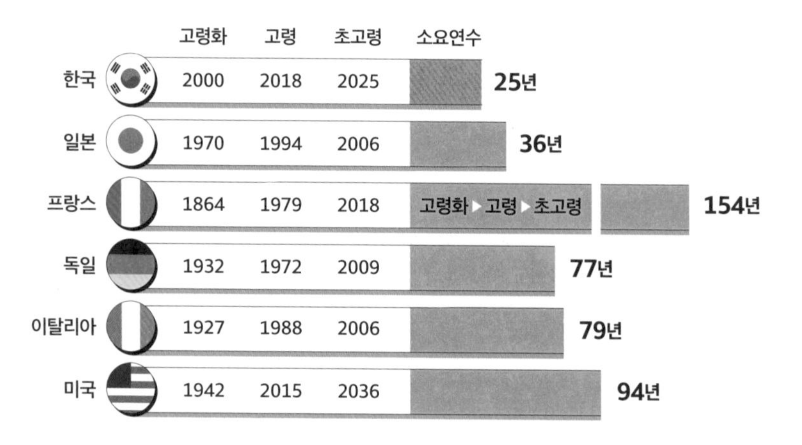

국가별 인구 고령화 속도

의 고령 인구 비율이 얼마나 빠르게 증가하고 있는지 알 수 있지요.

고령화 사회에서 초고령 사회로 진입하는 기간이 짧으면 사회적으로나 개인적으로나 힘든 상황이 됩니다. 사회적으로는 노인 복지를 위한 사회적 비용이 증가합니다. 개인적으로는 노인 인구가 이전 세대보다 더 길어진 삶을 살아가기 위해 일자리를 유지하거나 노후를 준비해야 하는 어려움이 있습니다. 젊은 세대의 경우는 노인 인구의 복지를 위해 세금을 더 부담하거나 노인 인구와 일자리를 두고 경쟁해야 할 수도 있습니다.

반면에 이런 주장도 있습니다. 노인 인구가 찾는 일자리와 젊은 세대가 찾는 일자리가 겹치지 않아서 문제가 되지 않는다는 것입니다. 또한 노인 인구가 늘어나면 노인을 위한 실버산업이 커지며 새로운 생산 활동이 가능한 경제 영역이 생기게 됩니다. 그러니 노인 인구가 증가한다고 너무 부정적으로 볼 필요는 없다는 주장이지요.

늘어난 노인 인구의 복지를 위한 사회적 비용이 여전히 문제가 될 수 있겠지요. 하지만 모든 세대가 공존하는 삶을 위해 마음을 모은다면 해결 방안을 찾을 수 있을 것입니다. 여기서 중요한 점은 노인 복지를 위한 비용의 적정선을 찾아야 한다는 것입니다. 노인 세대의 복지나 연금을 위한 비용을 져야 하는 젊은 세대의 부담이 너무 무겁지 않도록 해 젊은 세대도 행복한 삶을 누릴 수 있는 적정 수준을 찾아야 합니다. 인류는 지금까지 다양한 문제를 극복하면서 발전해 왔습니다. 저출산·고령화와 관련해서도 해결책을 찾을 것입니다. 이제까지 그래 왔던 것처럼 말입니다.

인구가 줄어들면 한국은 정말 사라질까?

자, 이제 출산율, 출생률, 인구부양비 등 인구와 관련해 중요한 개념과 통계를 어느 정도 이해했을 거라 생각합니다. 그런데 최근 인구 감소로 많은 시·군·구가 미래에 사라질 가능성을 다루는 기사가 자주 보입니다. 대한민국의 전체 인구가 줄어들면서 사람들이 거주하던 지역이 사라지기에 나타나는 문제를 말하지요.

다른 변화가 없는데 전체 인구가 줄어들면 기존에 사람이 살던 주거지가 남아돕니다. 사람들은 대부분 삶의 질이 높은 곳, 즉 일자리가 많고 병원이나 학교 등 편의 시설이 가까우며 교통이 편리한 거주지를 원하지요. 자리를 잡고 편안하게 살 만한 곳인지를 따지기 때문입니다. 여러분도 배달 앱을 사용하기 힘든 곳보다 배달 앱을 사용할 수 있는 곳이 좋고, 학교까지 버스를 타고 1시간 가야 하는 곳보다 걸어서 5분 안에 갈 수 있는 곳에 살고 싶을 테니까요.

사람이 살 만한 좋은 거주지가 줄어드는 사회에서 일상생활을 꾸려 나갈 곳의 환경을 따지기 시작하면, 조건이 나쁜 곳은 인구가 급격하게 줄어듭니다. 이에 따라 그곳의 환경은 더 나빠지고요. 모든 사람이 떠나면 폐허가 되고, 결국 그 지역은 사라지겠지요.

저출산·고령화가 진행되면 일부 지역이 사라지고, 지역 소멸이 심해지면 국가에 땅이 많아도 균형 있게 개발하기 어려워집니다. 일반적으로 인구 감소는 경제 활동을 할 인구가 줄어드는 것이기에 국가의 경제 활력도 줄어들게 되지요. 이래저래 어려운 상황이 되면, 국가가 사라지는 것까지는 아니더라도 경제 위기에 처하는 일은 피할 수 없습니다.

일부에서는 아이를 낳아서 기르기 좋은 환경이 되면, 출생아가 늘어날 것이라는 장밋빛 전망을 내세우기도 합니다. 그런 날이 오기를 소망하지만 쉽지는 않아 보입니다. 우리 정부에서도 아이가 많이 태어나도록 다양한 출산 장려 정책을 폈지만, 합계출산율이 1.0명 이하인 경우가 있었다는 점을 기억해야 합니다.

아이를 낳는 일은 개인적인 선택입니다. 그러나 아이가 적게 태어나서 연쇄적으로 나타나는 현상은 매우 다양하고 심각한 사회 문제를 낳습니다. 그래서 국가에서는 태어나는 아이, 그리고 그들이 모인 인구에 대해 다양한 통계를 개발해야 합니다. 그 통계를 바탕으로 모두에게 더 나은 삶을 준비하는 것이 국가를 유지하기 위해서 매우 중요합니다. 이 사실을 기억하며 지금까지 살펴본 다양한 인구 관련 통계를 생각해 봅시다. 통계는 인구 문제의 심각성을 파악하는 것뿐만 아니라 해결 방안의 실마리를 찾는 데에도 도움을 줄 것입니다.

토론해 볼까요?

- 저출산 대신 저출생이라는 용어를 사용해야 할까?
- 늘어나는 노인 인구의 복지를 위해 젊은 세대가 더 많은 부담을 지는 것이 합당할까?

SECTION 3
정치 & 경제

대통령 선거,

끊이지 않는 여론 조사 편향 논란

우리나라 경제성장률은

1% 아니면 -1%?

치솟는 청년 실업률,

경제가 꽁꽁…

2016년 미국의 대통령 선거는 온통 빨간색?

우리나라 경제성장률은 1% 아니면 -1%?

경제성장률과 증감률

정화네 모둠은 이번에 경제성장에 관한 통계 프로젝트를 하게 되었습니다. 경제와 관련해서는 시장 가격이 형성되는 수요와 공급 그래프를 주로 보죠. 그런데 우리나라 경제성장과 관련해 단순히 올해의 실적만이 아니라 전년도와 비교한 통계 또는 올해 성장률이 얼마나 될지 예측하는 통계도 많아서 이 부분에 대해 자세히 살펴보기로 했습니다.

정화네 모둠에서는 각자 '경제성장률'이라는 표현이 들어간 뉴스 자료를 먼저 읽은 뒤 토의하면서 세부 주제를 정하기로 했습니다. 인터넷에서 우리나라와 함께 외국의 경제성장률에 관한 자료를 검색하다가 다음과 같은 기사를 확인할 수 있었습니다.

- 미국 지난해 경제성장률 5.7%… 몇십 년 만에 최대 폭 성장
- IMF, 올해 세계 경제성장률 4.4%로 0.5%p 하향
- 우리나라 경제성장률 0%를 넘어 +일까? 아니면 -일까?

경제성장률에 관한 자료를 찾아보니, 생소한 표현이 많았습니다. 예를 들어 '퍼센트(%)'와 '퍼센트포인트(%p)', '지난해 대비'라는 표현이 낯설었어요. 그래서 조금 더 다양한 자료를 찾아보기로 했습니다.

정화네 모둠은 경제성장률과 관련한 기사를 꼼꼼히 읽고서 어렵거나 이해가 잘 안 되는 내용을 바탕으로 질문을 만들어 보았습니다. 정화네 모둠이 만든 질문 목록을 살펴봅시다.

질문 목록

❶ 경제가 성장했는지 어떻게 알까?

❷ 경제성장률이란?

❸ 마이너스 성장률은 무슨 뜻일까?

❹ 통계에서 %와 %p는 다른 걸까?

#경제성장 #GDP #1인당_GDP
#GNP #경제성장률 #증감률 #%p

경제가 성장했는지 어떻게 알까?

해가 바뀌면 사람들은 대부분 작년보다 더 나은 한 해를 보내기 위해서 다양한 계획을 세웁니다. 국가도 마찬가지입니다. 매년 정부는 국민이 더 나은 삶을 살 수 있도록 다양한 계획을 세웁니다. 그중 하나가 경제성장입니다. 말 그대로 경제가 성장해야 국민소득이 올라가서 생활이 윤택해질 수 있기 때문입니다. 국가의 경제가 성장한다는 말은 일반적으로 국가의 경제 규모가 커진다는 말과 같습니다. 그렇다면 경제 규모가 커진다는 것을 어떻게 알 수 있을까요?

학교에서 경제를 배울 때는 두 가지 활동에 초점을 두고 배웁니다. 하나는 생산 활동입니다. 생산은 생활에 필요한 것을 만들어내거나 가치를 높이는 일을 말합니다. 쉽게 말해서 물품과 같은 재화를 만들고 운반하고 판매하는 일, 그리고 무엇인가를 수리하거나 공연하거나 교육하는 것처럼 사람에게 즐거움이나 편리함을 주는 서비스를 제공하는 일 등이 모두 생산 활동에 포함됩니다. 다른 하나는 소비 활동입니다. 소비는 대가를 지불하고 재화와 서비스를 이용하는 행위입니다.

생산 활동과 소비 활동 모두 경제 활동이지만, 생산이 있어야 소비가 이루어지고 다양한 경제 활동이 이루어집니다. 그래서인지

한 나라의 경제가 성장했는지를 파악할 때 중요하게 여기는 것이 바로 생산 활동입니다. 한 나라의 경제성장 여부를 파악하기 위해서는 한 해 동안 그 나라에서 생산 활동이 어느 정도 이루어졌는지를 봐야 합니다.

그런데 생산 활동을 조금 자세히 보면 이런 경우가 있지요. 어떤 회사에서 밀가루를 만들었는데, 이 밀가루를 사서 가정에서는 음식을 해먹는 경우가 있고, 빵집에서는 빵을 만들어 파는 경우가 있습니다. 이 경우에 가정에서 산 밀가루와 달리 빵집에서 산 밀가루는 최종 생산물이 아니라 새로운 생산 활동을 위한 원료가 됩니다. 그래서 경제성장을 살펴보는 통계에서는 **GDP를 활용합니다. GDP는 일정 기간 동안 한 나라에서 생산한 최종 생산물의 가치로, 국내총생산**이라고도 합니다.

잠깐만요, 아마 수업 시간에 총생산과 관련해 GDP 말고 다른 용어도 배웠을 것입니다. 대표적으로 **국민총생산인 GNP가 있습니다. 일정 기간 동안 한 나라의 국민이 생산한 최종 생산물의 가치**를 말합니다. 손흥민 선수처럼 우리나라에서 생산 활동을 하지 않는 사람도 있습니다. 이주 노동자처럼 다른 나라 국적이지만 우리나라에 와서 일하는 사람들도 있습니다. 그러나 GNP는 한 나라의 국적을 가진 사람들이 만들어 낸 최종 생산물의 가치입니다. 여기서는 '국민'이라는 생산의 주체를 강조합니다.

GDP가 크면 잘사는 나라일까?

GDP는 한 나라의 영토 안에서 생산해 낸 최종 생산물의 가치라고 했죠. 경제성장률을 비교하는 데 기초가 되는 값이니 GDP가 높으면 잘사는 나라일까요? 그럴 수도 있고 그렇지 않을 수도 있습니다. 바로 전체 인구수를 생각해야 하기 때문입니다.

예를 들어 A, B 두 나라 모두 GDP가 1만 달러라고 합시다. 언뜻 보면 두 나라는 경제 규모가 비슷한 나라 같습니다. 그러나 A 나라의 인구수는 1,000명이고, B 나라의 인구수는 100명입니다. 이 경우에 1인당 GDP를 비교하면 그 수치가 완전히 달라집니다. '1인당'이라는 수치를 얻기 위해서는 GDP를 그 나라 인구수로 나누면 됩니다. 계산해 보면 A 나라의 1인당 GDP는 10달러이고, B 나라의 1인당 GDP는 100달러입니다. 1인당 GDP는 평균적으로 그 나라 국민 개개인의 경제 수준을 파악하는 데 도움이 됩니다.

국가별 통계를 볼 때 생산이나 소비 등 구체적인 경제 활동을 나타내는 경우에는 '1인당'인지 아닌지를 잘 살펴보세요. 그리고 통계를 설명할 때 '1인당'이라는 표현을 꼭 붙여야 하는 경우에 이를 사용하지 않으면 통계를 왜곡하는 것이 되니 조심해야 합니다.

자, 다시 우리가 관심을 가져야 하는 GDP로 돌아와 볼까요? 말 그대로 GDP는 대한민국 안에서 생산한 최종 생산물의 가치입니다. 여기서는 '영토'를 강조합니다.

조금 어려웠죠? 그런데 이처럼 우리가 알아야 하는 통계가 구체적으로 무엇을 대상으로 삼고 계산한 것인지를 파악하는 일은 매우 중요합니다. 어떻게 계산되어 나오는지 알아야 그 세부 내용을 정확하게 알 수 있기 때문입니다.

통계를 구하는 방식은 대부분 어떤 개인이 마음대로 정한 것이 아니라 여러 국제기구의 전문가들이 정합니다. 그래서 제목만 보고 해당 통계를 이해하기 어려운 경우가 많습니다. 통계가 나오면 그것이 구체적으로 어떤 항목을 활용해 어떻게 구하는지를 알아보면서 정확하게 살펴보아야 합니다.

경제성장률이란?

경제성장률을 구하는 데 중요한 것이 GDP라고 했습니다. 자, '성장'이라는 표현이 있네요. 어떤 것과 현재를 비교해 그 변화 정도를 살펴본다는 뜻입니다. 그래서 **경제성장률은 일정 기간 중 한 나라의 GDP가 늘어난 정도**를 말합니다. 쉽게 말해서 정해진 기간에 한 국가 내에서 만들어진 최종 생산물의 가치가 이전과 비교해서 늘어난 정도를 백분율로 표시한 것입니다.

여기서 자세히 보아야 하는 것은 비교 대상이 되는 '이전'의 기준입니다. 일반적으로 경제성장률은 국제 통계에서 전년 대비로 살펴보기 때문에 구하고자 하는 그해 경제성장률의 기준은 바로 그 전년도입니다. 그래서 경제성장률에서는 기준 연도를 따로 표시하지 않는 경우가 많습니다. 그렇다고 항상 기준 연도가 전년도인 것은 아니에요. 예를 들어 10년 전과 비교할 경우에는 기준 연도인 10년 전을 표기해야 합니다.

전년도가 기준 연도가 아닌 경우에는 통계 제목이나 해당 통계를 설명할 때 기준 연도를 정해서 알려 줍니다. '대한민국의 2010년 대비 2020년 경제성장률'처럼 '대비'라는 표현을 사용하기도 하고, '2010년을 기준으로'나 '2010년과 비교해' 등을 사용하기도 합니다. 보통 많이 사용하는 전년도 대비 경제성장률은 다음과 같이 계산합니다.

$$\text{경제성장률(\%)} = \frac{\text{당해 연도 GDP} - \text{전년도 GDP}}{\text{전년도 GDP}} \times 100$$

우리도 직접 계산해 볼까요? 조금 간단한 통계를 적용해서 살펴봅시다. 보통 아이가 어릴 때 벽에 매년 자란 키만큼 가로선을 그어서 자녀의 키가 얼마나 자라고 있는지 확인합니다. 이렇게 정화의 키를 연도별로 기록한 내용을 같이 살펴봅시다.

구분	2016년	2017년	2018년	2019년	2020년	2021년	2022년
키	118cm	120cm	125cm	140cm	150cm	155cm	160cm

표 1. 연도별 정화의 키 변화

[표 1]을 보면 일단 정화는 계속 성장하고 있습니다. 2017년과 2018년을 비교하면 정화의 키가 자랐습니다. 그러면 얼마나 컸을까요? 다음과 같이 표현할 수 있습니다.

"정화는 2017년에 비해 2018년에 키가 5cm 더 컸다."

2021년과 2022년에도 각각 전년도에 비해 키가 더 커졌습니다. 그래서 이렇게 표현할 수 있습니다.

"정화는 2020년에 비해 2021년에 키가 5cm 더 컸다."
"정화는 2021년에 비해 2022년에 키가 5cm 더 컸다."

모두 다 5cm씩 더 커졌습니다. 그렇다면 이 경우에 5cm는 모두 동일한 성장을 보여 주는 것일까요? 자세히 보면 그렇지 않다는 것을 알 수 있습니다. 왜일까요? 전년도의 키를 고려하면, 5cm라는 크기는 상대적으로 다르기 때문입니다. 150cm에서 5cm 큰

구분	2016년	2017년	2018년	2019년	2020년	2021년	2022년
키	118cm	120cm	125cm	140cm	150cm	155cm	160cm
전년 대비 키 성장률	-	1.69%	4.17%	12%	7.14%	3.33%	3.25%

표 2. 연도별 정화의 키 성장률

것과 155cm에서 5cm 큰 것은 같아 보이지만, 150cm일 때 5cm 큰 것이 155cm일 때 5cm 큰 것보다 더 많이 자란 것이죠. 이처럼 기준 연도를 바탕으로 성장 정도를 비교할 수 있게 하는 것이 성장률입니다. 이제 정화의 연도별 키 성장률을 비교해 봅시다.

먼저 연도별 키 성장률은 경제성장률처럼 수식을 정할 수 있을 것입니다. 이를 적용하면 다음과 같이 계산할 수 있습니다.

$$\text{키 성장률(\%)} = \frac{\text{당해 연도 키} - \text{전년도 키}}{\text{전년도 키}} \times 100$$

그리고 이를 토대로 작성한 [표 2]를 보고 우리는 다음과 같이 이야기할 수 있습니다.

"정화의 키 성장률이 가장 높은 해는 2019년이다."

"정화의 키 성장률은 2017년이 가장 낮다."

전년도와 단순하게 비교하면 2017년 대비 2018년, 2020년 대비 2021년, 2021년 대비 2022년 모두 키가 5cm씩 성장했지만 키 성장률은 각기 다릅니다. 2017년 대비 2018년의 키 성장률은 4.17%, 2020년 대비 2021년의 키 성장률은 3.33%, 2021년 대비 2022년의 키 성장률은 3.25%입니다.

앞의 수식에서 분모인 전년도 키의 값이 작을수록 동일한 변화에도 더 높은 비율을 보이는 것이죠. 반대로 전년도의 키가 클수록 더 낮은 비율을 보인다는 것을 알 수 있습니다. 이렇게도 키 성장률을 읽을 수 있습니다.

"정화의 연도별 키 성장률은 2017년부터 2019년까지 계속 증가하다가 2020년부터 2022년까지 감소한다."

기본적으로 정화는 계속 성장하고 있어서 키는 증가하지만, 전년도와 비교해 키가 성장하는 비율은 상승하기도 하고 하강하기도 합니다. 이 경우에는 오로지 성장률의 비율만 보아야 합니다.

경제성장률도 이와 마찬가지입니다. 우리나라의 경제성장률을 볼까요? 오른쪽 그래프를 보면 IMF 외환위기가 있었던 1998년과 2020년을 제외하고는 모두 0보다 높은 경제성장률을 보입니다. 1990년대에는 10%를 넘기도 했지만, 요즘 들어서는 대체로 3%보

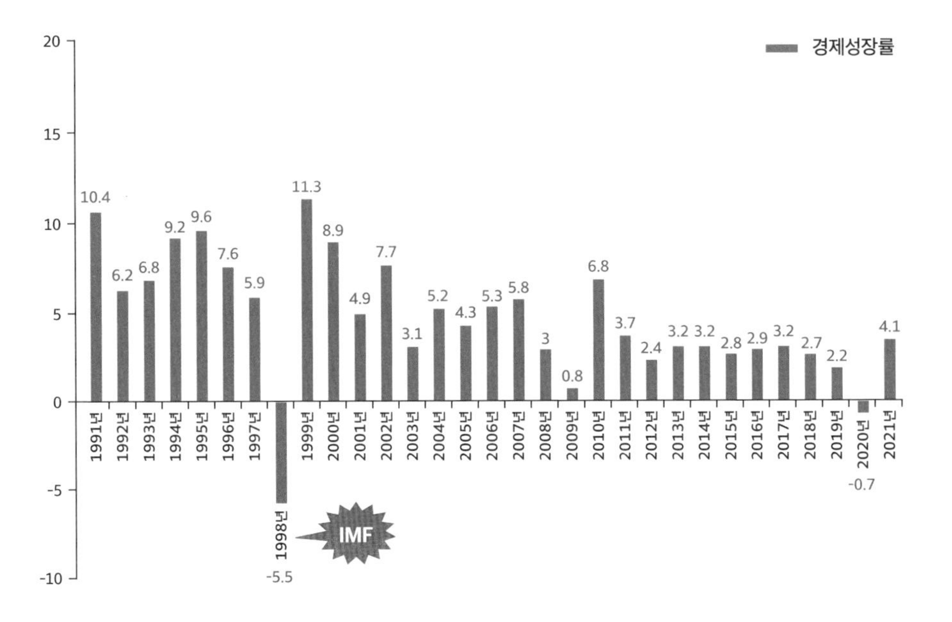

1991~2021년 한국의 경제성장률

다 낮다는 것을 알 수 있습니다. 과거에 비해 경제성장률이 낮아진 것은 맞지만, 우리나라의 경제 규모가 많이 성장해서 그렇습니다. 분모가 되는 전년도 GDP가 점점 더 높아졌기 때문입니다. 그러니까 경제성장률이 과거에 비해 감소했다고 성장을 하지 않은 것이 아닙니다. 성장은 하지만 그 크기가 줄어들고 있다고 보면 됩니다. 이 경우에 '경제성장률이 둔화하고 있다'라고 뉴스에서 이야기하기도 합니다.

그런데 키 성장률과 달리 경제성장률은 0보다 낮은 값이 생깁니다. 이 경우는 무엇을 의미할까요? 지금부터 같이 살펴보겠습니다. 혹시 0% 성장도 가능할까요? 네, 이 부분도 같이 살펴봅시다.

마이너스 성장률은 무슨 뜻일까?

정화는 오랜만에 할머니를 만났는데요. 할머니의 키가 예전에 비해 줄어든 느낌이 들었습니다. 할머니께 여쭤보니 몇 년 전부터 나이가 들면서 키가 줄었다고 합니다. 키가 줄었을 때는 키 성장률을 어떻게 표시할까요? 자, 키 성장률을 계산하는 수식을 다시 생각해 봅시다.

올해 키가 작년에 비해 줄었다면 키 성장률에서 분자가 되는 값(당해 연도 키 - 전년도 키)은 0보다 작은 음수가 됩니다. 이렇게 되면 비율 자체가 -1%처럼 마이너스로 나올 것입니다. 만약에 당해 연도 키와 전년도 키가 같다면 분모 값은 0이 되고, 결국 0%가 됩니다.

성장률을 제시한 통계를 보면 그해의 키가 전년도에 비해 성장하는 경우, 감소하는 경우, 변화가 없는 경우로 구분할 수 있습니다. 자, [표 3]에서 각각의 경우를 봅시다.

구분	2020년	2021년	키 성장률
키가 자란 경우	160cm	162cm	1.25%
키가 그대로인 경우	160cm	160cm	0%
키가 줄어든 경우	160cm	158cm	-1.25%

표 3. 세 가지 경우의 키 성장률

키가 자랐을 때 키 성장률은 1.25%입니다. 키가 그대로인 경우에는 0%이고, 줄어든 경우에는 -1.25%입니다. 생각해 봅시다. 만약 '키 성장률이 감소했다(줄어들었다)'라는 표현을 한 경우는 키가 줄어든 걸까요, 아닐까요? 네, 이 경우에는 키가 줄어든 것이 아니라 이전과 비교해 키 성장률의 크기가 줄었다는 것을 의미합니다.

실제로 키가 줄면 키 성장률은 마이너스가 되고, 이에 따라 '음의 성장률을 보인다' 또는 '마이너스 성장률을 보인다'라고 표현할 수 있습니다.

경제성장률은 앞에서 살펴보았듯이 양의 값(+), 0, 음의 값(-) 등 다양한 값으로 나타납니다. 예를 들어 같은 경제성장률을 보이는 나라를 생각해 봅시다. [표 4]는 GDP 변화에 따른 경제성장률을 정리한 것입니다. 만약에 [표 4]에서 '전년 대비 GDP의 변화 정도'가 없다고 생각하고 표를 보세요. 이때는 다음과 같이 표현할 수 있습니다.

구분	2015년	2016년	2017년	2018년	2019년	2020년	2021년	2022년
GDP	1,000	1,000	1,010	1,000	1,020	1,030	1,020	1,040
전년 대비 GDP의 변화 정도		0	+10	-10	+20	+10	-10	+20
경제 성장률		0%	1%	-0.99%	2%	0.98%	-0.97%	1.96%

표 4. GDP 변화에 따른 경제성장률

"2015년과 2016년의 GDP는 동일하다."

"2016년의 경제성장률은 0%다."

"2018년, 2021년의 경제성장률은 음의 값을 갖는다."

"2019년 대비 2020년 경제성장률은 감소했다."

"2020년에 GDP는 2019년보다 증가했지만, 경제성장률은 2019년에 비해 감소했다."

경제성장률과 같이 변화를 나타내는 비율의 경우 0%는 기준이 되는 전년도와 비교해 변화가 없다는 뜻입니다. 양의 값인 경우는 성장했다는 뜻이며, 음의 값인 경우는 성장하지 않고 축소 또는 감소했다는 뜻입니다. 성장률 자체는 양의 값인데, 전년도 성장률보다 낮은 경우는 성장은 했지만 성장한 정도가 전년도에 비해서 줄었다는 의미입니다. 그래서 '경제성장률'을 붙인 것과 'GDP'를 붙인 경우에 따라 증가나 감소라는 표현을 사용할 때 주의해야 합니다.

자, 그러면 이런 생각을 해봅시다. 경제에서는 '성장률'이라는 표현을 사용하지만, 다른 통계에서는 '증감률'이라는 표현을 씁니다. 이 경우에는 어떻게 보아야 할까요? 앞의 [표 3]에서 키 성장률을 키 증감률이라고 해봅시다. 표에서 성장률을 증감률로 바꾸어도 수치는 바뀌지 않습니다. 그래서 기본적으로 성장률로 표기하는 것과 같이 표를 읽습니다. 다만 표를 읽을 때 한 가지만 더 조심하면 됩니다.

'키가 자란 경우와 키가 줄어든 경우의 증감률 크기는 동일하다'는 경우를 봅시다. **증감률은 말 그대로 증가와 감소를 모두 표현하는 것이**기에 증가(+)하거나 감소(-)한 방향은 고려하지 않고, 그 크기만 비교합니다. 따라서 증감률의 크기가 동일하다는 것은 증가인지 감소인지 방향은 보지 않고 변화의 크기가 같은지만 살펴본다는 뜻입니다.

통계에서 %와 %p는 다른 걸까?

뉴스를 보다 보면 "2020년 우리나라 경제성장률은 0.5%p 증가했다" 같은 표현을 들을 수 있습니다. %p는 무엇을 말하는 것일까요? 앞에서 살펴본 [표 2]를 다시 볼까요?

2017년 대비 2018년의 키 성장률은 4.17%이고, 2018년 대비 2019년의 키 성장률은 12%입니다. 그렇다면 "2018년 대비 2019년의 키 성장률은 7.83(12 - 4.17)% 증가했다"라고 할 수 있을까요? 그렇지 않습니다. %라는 단위 때문에 무엇을 계산한 것인지 혼란이 생기기 때문입니다. 앞에서 변화를 보여 주는 증감률이나 성장률을 %로 표현할 때는 분명하게 전년도라는 비교 대상이 있었습니다. 이에 따라 2018년 대비 2019년 키 성장률의 증가는 두 가지 수식으로 계산해 볼 수 있습니다.

[수식 1] 당해 연도 키 성장률 − 전년도 키 성장률 = 12 − 4.17 = 7.83

[수식 2] $\frac{\text{당해 연도 키 성장률} - \text{전년도 키 성장률}}{\text{전년도 키 성장률}} \times 100$

$$= \frac{12 - 4.17}{4.17} \times 100 = 187.77$$

두 수식의 값이 완전히 다릅니다. 전년 대비 성장률이나 증감률을 이야기할 때 혼란을 주지 않기 위해서 수식 1의 값에는 단위로 '%p'를 쓰고, 수식 2의 값에는 '%'를 씁니다. 따라서 정화의 키 성장률은 2018년에 비해 2019년에 7.83%p 증가했다"라고 표현하는 것이 정확합니다.

지금까지 성장이나 변화, 증감을 나타내는 통계에 대해 알아보았습니다. 경제와 관련한 통계는 그 자체로도 큰 수여서 통계를 읽는 방법도 복잡합니다. 그래서 경제 통계를 제시하는 기사를 읽을 때는 사용하는 단위나 기준 연도 등을 잘 살펴보면서 읽어야 합니다.

토론해 볼까요?

- 우리나라보다 경제발전 속도가 더딘 나라와 경제성장률을 단순 비교할 때 어떤 문제가 나타날 수 있을까?
- 경제성장률은 항상 증가해야 할까? 분배 대신 성장 위주의 경제 정책만 사용하는 것을 어떻게 보아야 할까?

2016년 미국의 대통령 선거는 온통 빨간색?

통계의 시각화

정화네 모둠은 이번에 통계의 시각화와 여론에 관한 프로젝트를 진행하게 되었습니다. 뉴스나 기사를 보면 통계를 그래프로 그리거나 시각적으로 표현하는 인포그래픽이 많아지고 있습니다. 정보가 한눈에 들어와 이해하기 쉽기 때문입니다.

그런데 우리가 통계를 사용하는 이유가 정확한 정보를 얻기 위해서라는 점을 생각해 보면, 통계를 시각화한다고 좋은 점만 있는 것은 아니겠죠. 특히나 정치와 관련한 정보는 개개인의 정치적 선택에 영향을 미칩니다. 통계를 시각적 자료로 표현하고 이에 따라 사람들의 생각이 달라진다면 잘못된 정치적 선택을 할 수도 있습니다.

그래서 정화네 모둠에서는 통계의 시각화와 여론을 살펴보기 위해 정치와 관련한 인포그래픽이 제시된 뉴스 자료를 먼저 조사해 읽었습니다. 그 후 모둠원과 토의하면서 세부 주제를 정하기로 했어요. 자료를 조사하다가 다음과 같은 기사를 찾았습니다.

- 미국 대통령 선거는 빨간색일까, 파란색일까?
- 우리나라 대통령 선거 결과를 지도로 표현하면 어떤 색이 우세일까?
- 이번 대통령 선거 예측 조사, 수상한 그래프…

정치 활동에 관한 통계를 시각화해 보여 주는 기사를 찾아보니, 대통령 선거와 관련한 기사가 많았습니다. 대통령제 국가에서는 어느 정당의 대통령이 당선되느냐에 따라 국민의 삶과 정치의 양상이 달라집니다. 따라서 대통령 선거에 관심이 집중되고 관련 통계가 많습니다. 몇몇 자료에서는 선거와 관련된 여론 형성과 조작 문제도 이야기하고 있었습니다. 이런 자료를 읽다 보니 기사에서 제시하는 통계를 정확하게 이해해야 정치적 선택을 올바르게 할 수 있겠다는 생각이 들었습니다.

정화네 모둠은 각자 '선거', '통계', '그래프' 등과 관련한 기사를 꼼꼼히 읽고서 어렵거나 이해가 잘 되지 않는 내용을 바탕으로 다음과 같은 질문을 만들어 보았습니다.

질문 목록

❶ 여론 형성에 통계가 왜 중요할까?

❷ 정보를 시각화하는 이유는?

❸ 그래프에는 어떤 것이 있을까?

❹ 인포그래픽에서 통계는 어떻게 왜곡될까?

❺ 인포그래픽을 정확하게 이해하려면?

#동조_현상 #통계의_시각화 #인포그래픽
#꺾은선그래프 #막대그래프 #원그래프 #띠그래프

여론 형성에 통계가 왜 중요할까?

오늘날 우리는 정치에서는 대의 민주주의 시대, 경제에서는 자본주의 시장경제 시대를 살고 있습니다. 이 사회에서는 개인의 합리적인 선택을 중요하게 여깁니다. 합리적으로 선택하려면 정보를 잘 조사해서 분석하고 이를 바탕으로 선택해야 합니다. 그러나 합리적인 선택을 방해하는 것이 많습니다. 대표적으로 동조 현상이 있습니다.

동조 현상이란 나와 비슷한 위치에 있는 사람들과 비슷하게 선택하거나 행동하는 것을 말합니다. 합리적인지 고민하고 선택하거나 행동하는 것이 아니라 여러 사람의 선택이나 행동이 주는 보이지 않는 압력으로 그것을 따라서 하는 것이죠. 동조 현상으로 사람들은 비합리적이더라도 다른 사람이 많이 선택한 것을 따르게 됩니다.

자, 그럼 선택하는 입장이 아니라 선택받아야 하는 사람의 입장에서 생각해 볼까요? 각 정당은 자기네 후보가 당선되도록 해야 합니다. 자신의 정당 후보가 선택받기 위해서 전략을 짜죠. 예를 들어 자기네 후보의 지지율이 높다는 것을 보여 주면서 동조하게 하는 전략이 있습니다. 많은 사람이 지지하고 있다는 통계를 보여 주면 됩니다. 같은 통계라 할지라도 자신의 후보자가 지지를 많이 받는 것처럼 보여 주는 것이지요.

이때 숫자로 제시하기보다는 시각적인 자료를 활용하는 것이 좋습니다. 통계를 조작하지 않으면서도 유리하게 자료를 제공할 수 있기 때문입니다. 요즘에는 다양한 분야에서 통계를 시각적으로 제공해 자신들에게 유리한 정보를 만들어 내는 일이 많습니다. 인포그래픽 시대가 된 것입니다. 유튜브처럼 시각적인 정보를 전달하는 매체가 증가하면서 이런 흐름은 더 거세질 전망입니다.

그렇다면 우리는 인포그래픽 속에서 정확한 정보를 어떻게 파악해야 할까요? 합리적인 선택을 위해 어떻게 해야 하는지 같이 생각해 볼까요?

정보를 시각화하는 이유는?

오른쪽은 2020년부터 시작된 코로나19의 초기 상황을 보여 주는 지도입니다. 이 지도에 나타난 색의 차이만으로 어느 나라의 상황이 더 심각한지 한눈에 알 수 있습니다. 특별한 설명을 하지 않아도 대부분 쉽게 정보를 파악할 수 있죠.

이런 것을 인포그래픽infographic이라고 합니다. 정보information와 그래픽graphic을 합친 말이죠. **인포그래픽은 다양한 정보나 통계 자료를 시각적으로 표현한 것**을 말합니다. 사실 예전부터 통계 자료를 그래프로

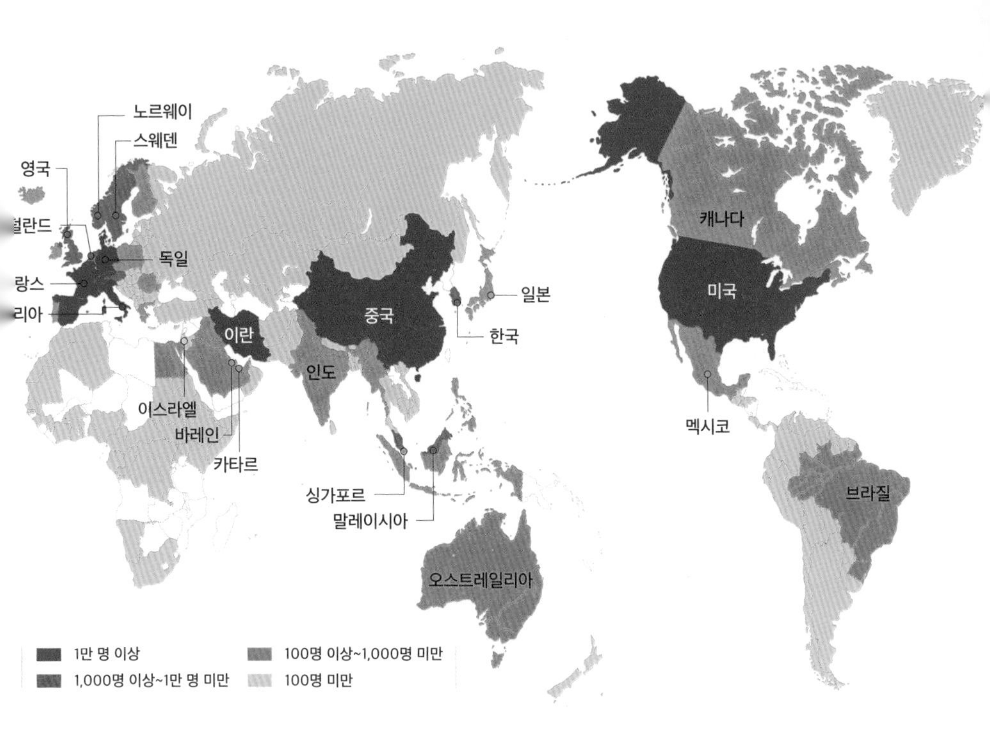

2020년 3월 세계 코로나19 확진자 현황

그려 왔습니다. 최근에는 이에 더해 색이나 이미지 등을 사용하며 다양하게 시각화하고 있습니다.

특히 위 지도처럼 관련 통계를 한 장면이나 한 페이지 안에 담아내는 인포그래픽이 많아지고 있습니다. 복잡한 자료를 한 장면에 보여 주려는 이유는 무엇일까요?

첫째, 오늘날 사람들은 너무나 많은 정보 속에서 살아갑니다. 너무 많은 정보는 혼란만 줍니다. 그러다 보면 정보를 정확하게 이해하기 위한 지적인 활동을 하기 싫어집니다. 꼭 필요하지만 적은 정보를 원하다 보니 인포그래픽이 유용합니다.

둘째, 관련된 통계 자료를 시각적으로 보면 이해하기가 편합니다. 오늘날 우리는 수많은 영상 속에서 살아가기에 그림이 익숙합니다. 그러다 보니 숫자로 나타낸 통계 자료보다는 그래픽을 이용해 간단히 한 장면으로 제시할 때 사람들의 관심이 높습니다.

그러나 문제가 있습니다. 인포그래픽을 위해서는 많은 정보나 통계를 간단하게 만들어야 한다는 점이죠. 이 과정에서 원래 통계 자료를 왜곡할 수 있습니다. 특히 인포그래픽에서는 색상이나 이미지 등을 통해서 통계를 시각화하기에 원래 통계 자료와 달라지는 문제가 생길 수 있습니다.

그래프에는 어떤 것이 있을까?

통계를 시각화했을 때 제일 많이 사용하는 것이 그래프입니다. 따라서 그래프를 그리는 방법과 분석하는 방법을 알면 그래프에 속지 않을 수 있습니다. 그러면 그래프의 다양한 유형을 배워 볼까요?

꺾은선, 막대, 원, 띠 등 이들의 공통점은 무엇일까요? 모두 숫자로 이루어진 통계를 그래픽으로 표현할 때 사용하는 도구입니다. 꺾은선그래프, 막대그래프, 원그래프, 띠그래프라고 부릅니다. 이들 그래프에 대해 알아보겠습니다.

(1) 꺾은선그래프

꺾은선그래프는 그래프 위에 통계 수치를 점으로 표시하고 그 점들을 선으로 연결해 그린 그래프를 말합니다. 점이 선으로 연결되어 있기에 하나의 항목에 대한 연속적인 정보가 어떻게 변화하는지를 파악하는 데 유용합니다.

아래는 정화가 연도별 독서량 통계를 활용해 만든 꺾은선그래

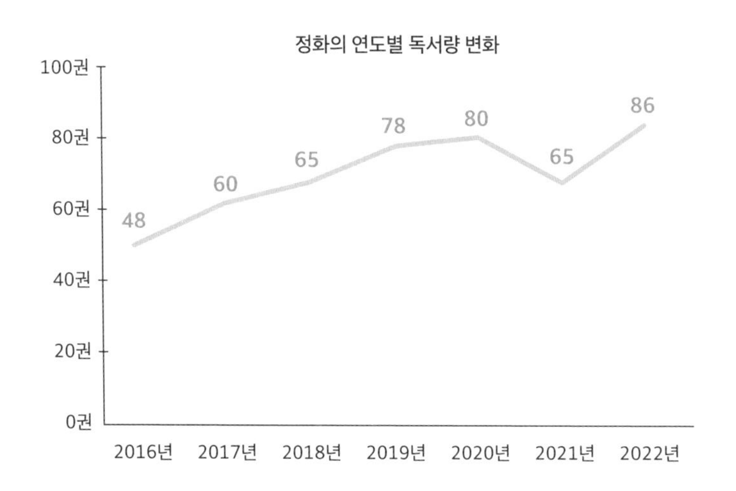

구분	2016년	2017년	2018년	2019년	2020년	2021년	2022년
읽은 책 수	48권	60권	65권	78권	80권	65권	86권

프입니다. 정화가 연도별로 읽은 책의 수가 어떻게 변화했는지 먼저 살펴보세요.

자, 이제 꺾은선그래프를 그리는 방법을 배워 볼까요?

① 가로선과 세로선에 무엇이 들어가야 하는지 정합니다. 정화의 연도별 독서량 변화 그래프에서는 가로선에 연도, 세로선에 읽은 책 수라고 정했습니다(연도별 자료를 보여 주는 꺾은선그래프에서 대부분 가로선 항목이 연도가 됩니다).

② 가로선과 세로선에 들어갈 눈금을 정합니다. 연도는 한 칸에 1년씩, 책의 권수는 5권, 10권, 20권, 50권 등 다양하게 정하면 됩니다. 정화의 그래프에서는 20권을 단위로 정했네요. 만약 세로선에 정화의 키가 들어간다면 cm로 할 것인지 m로 할 것인지 등을 정해야 합니다.

③ 가로선 눈금과 세로선 눈금의 위치를 따라 가상으로 줄을 긋고 만나는 지점에 점을 찍습니다.

④ 점을 선으로 연결합니다.

⑤ 꺾은선그래프의 제목을 정하고, 출처나 관련 자료가 있다면 표시합니다. 이 경우에는 제목을 '정화의 연도별 독서량 변화'라고 정했습니다. 제목은 그래프를 가장 잘 보여 줄 수 있도록 충분히 생각해서 정합니다.

(2) 막대그래프

막대그래프는 비슷한 종류의 수치를 비교하기 위해 막대의 길이로 표시한 그래프를 말합니다. 막대를 가로로 그리기도 하고, 세로로 그리기도 합니다. 그래프에 나타난 각 막대는 연결되지 않고, 각각의 항목을 같은 기준에 따라 비교할 수 있게 해줍니다.

정화네 반 학생들에게 가장 좋아하는 간식을 하나 선택하게 하고, 막대그래프로 결과를 표현했습니다. 정화네 반 학생들이 좋아하는 간식에 관한 통계를 볼까요?

자, 이제 막대그래프를 그리는 방법을 알아봅시다.

① 그래프에서 막대를 가로로 놓을 것인지 세로로 놓을 것인지 정합니다. 세로로 놓인 막대를 그리는 경우가 많으니 세로 막

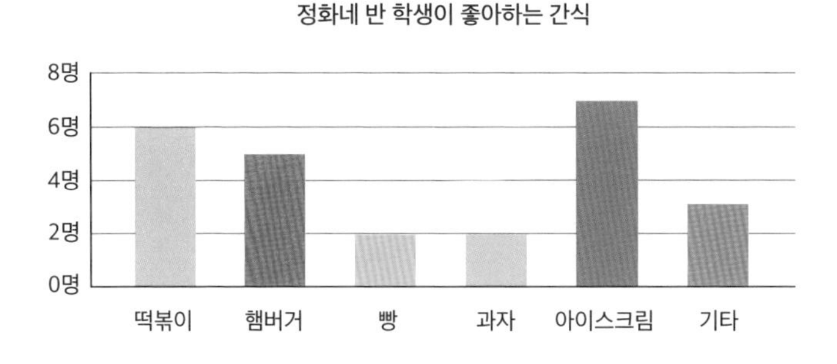

구분	떡볶이	햄버거	빵	과자	아이스크림	기타	전체
선택한 학생 수	6명	5명	2명	2명	7명	3명	25명

대그래프로 그리기로 합니다.

② 막대그래프에서 세로와 가로에 어떤 항목과 단위를 제시할 것인지를 정합니다. 일반적으로 비교하는 항목을 세로 막대그래프에서는 가로선에, 가로 막대그래프에서는 세로선에 표시합니다. 그리고 비교하는 항목의 수치를 남은 선에 적습니다. 위에서 세로 막대그래프로 그리기로 했으니 가로선에 간식의 종류를 적고, 세로선에는 선택한 학생 수를 나타내기로 합니다. 여기서 간식 항목에는 단위를 붙일 필요가 없고, 학생 수에는 '명'이라는 단위를 붙여야 합니다.

③ 가로선에 표처럼 떡볶이, 햄버거, 빵, 과자, 아이스크림, 기타를 표시합니다. 세로선에는 눈금을 정해 표시합니다. 이 그래프에서는 2명을 단위로 눈금을 표시했습니다.

④ 항목별로 해당하는 눈금만큼 막대의 높이를 그린 후 같은 폭으로 막대를 채웁니다.

⑤ 막대그래프의 제목을 정합니다. '정화네 반 학생이 좋아하는 간식'과 같이 제목을 붙이면 됩니다.

(3) 원그래프

원그래프나 띠그래프는 전체를 백분율로 계산해서 비교할 때 주로 사용합니다. **원그래프**는 하나의 원을 전체 비율인 100%로 정하고 항목마다 비율에 따라 부채꼴 모양을 만들어 표시한 그래프입니다.

바로 앞에서 살펴본 정화네 반 학생이 좋아하는 간식 통계로 계속 이야기해 보겠습니다. 통계 결과를 백분율로 바꾼 뒤 아래와 같이 원그래프로 표현했습니다.

자, 이제 원그래프를 그리는 방법을 알아봅시다.

① 먼저 원을 그리고, 원의 360도에 해당하는 비율을 선으로 나타냅니다. 원의 동서남북에 정확하게 점을 찍고, 그 사이에 점

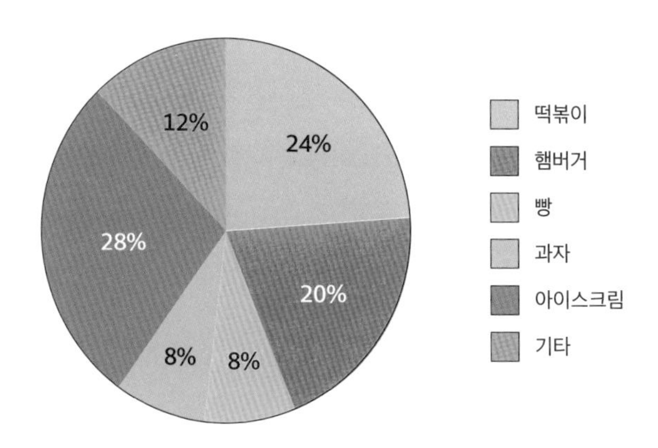

구분	떡볶이	햄버거	빵	과자	아이스크림	기타	전체
선택한 학생 수	6명	5명	2명	2명	7명	3명	25명
비율	24%	20%	8%	8%	28%	12%	100%

을 찍는 방법으로 대략적인 눈금을 그리면 됩니다. 원이 360도이니 1%는 3.6도입니다.

② 항목마다 비율을 따라 원그래프에 순서대로 채워 넣습니다.

③ 항목마다 색깔이나 무늬 등으로 차지하는 면을 구분하고 해당 항목의 비율도 기록합니다. 비율이 낮아 면이 좁다면 원 밖으로 연결하는 선을 그어서 비율을 적으면 됩니다.

④ 원그래프의 제목을 정합니다.

(4) 띠그래프

띠그래프는 원그래프와 마찬가지로 전체를 백분율로 계산한 경우 사용하지만, 다른 통계와 비교할 때도 많이 사용합니다. **띠그래프는 하나의 긴 가로 막대를 100%로 삼고 항목마다 비율에 따라 띠의 크기를 나누어 그린 그래프**입니다. 오른쪽은 정화네 학년 중 1반과 2반이 좋아하는 간식을 비교한 통계와 이를 나타낸 띠그래프입니다.

자, 이제 띠그래프를 그리는 방법도 살펴볼까요?

① 띠를 그려야 하는 수를 정합니다. 이 통계 자료에서는 전체까지 합해 3개의 띠를 그려야 합니다.

② 띠는 층을 이루어 해당 개수만큼 가로로 그리고, 세로선에 띠별로 항목을 적습니다. 여기서는 첫 번째 띠에 '1반', 두 번째 띠에 '2반', 세 번째 띠에 '전체'라고 적으면 됩니다.

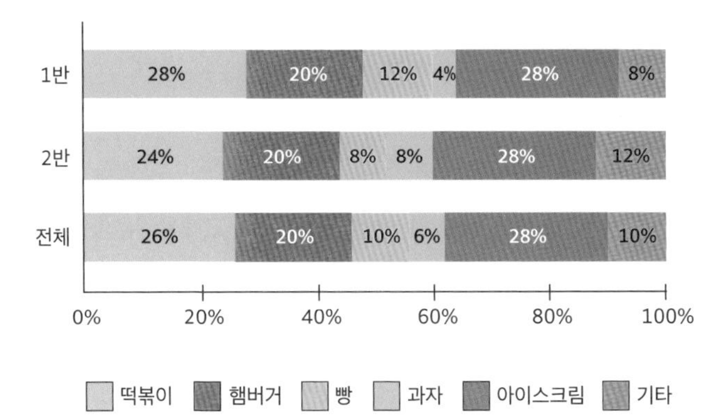

구분	떡볶이	햄버거	빵	과자	아이스크림	기타
1반	28%	20%	12%	4%	28%	8%
2반	24%	20%	8%	8%	28%	12%
전체	26%	20%	10%	6%	28%	10%

③ 띠의 제일 밑에 있는 가로선에 5개의 눈금을 정합니다. 눈금에 맞춰 항목별로 비율을 순서대로 채워 넣습니다.

④ 같은 항목에는 같은 색깔을 사용해 다른 항목과 구별합니다. 차지하는 면을 표시하고 해당 항목의 비율도 적습니다. 이때 띠별로 항목의 순서는 동일해야 합니다.

⑤ 띠그래프의 제목을 만들고, 색깔별로 해당하는 항목이 무엇인지를 따로 적습니다.

그래프를 잘 읽는 방법은?

이미 만들어진 그래프를 읽을 때는 어떤 순서로 읽어야 할까요? 크게 3단계로 나눠 그래프를 읽을 수 있습니다.

1단계에서는 그래프에 나와 있는 정보나 사실을 그대로 읽습니다. 첫째, 그래프의 제목을 먼저 파악합니다. 둘째, 그래프의 출처를 확인합니다. 출처는 해당 자료가 얼마나 신뢰할 만한 것인지를 나타냅니다. 통계청같이 공신력 있는 단체가 만든 것이라면 신뢰할 만합니다. 선거철 여론 조사 자료라면 조사 기관이나 조사 방법 등을 자세히 살펴보아야 합니다. 셋째, 그래프의 가로축과 세로축(또는 면적)이 무엇을 나타내는지 파악합니다. 단위도 같이 봐야 합니다. 넷째, 그래프의 가로축과 세로축이 만나는 지점의 표시, 면적의 각 값을 자세하게 살펴봅니다. 종종 그래프의 길이나 면적 등을 다르게 그리는 경우가 있기에 해당 값을 정확하게 표시했는지 파악하는 일이 중요합니다.

2단계에서는 그래프 자료의 의미나 양상을 파악합니다. 첫째, 통계로 알 수 있는 변화 양상이나 차이를 여러 개의 문장으로 서술해 봅니다. 둘째, 앞서 서술한 문장을 통해 알 수 있는 정보를 정리합니다.

3단계에서는 그래프에 나타난 양상의 원인에 대해 추론해 봅니다. 첫째, 2단계에서 정리한 내용의 의미나 이유를 자기 나름의 합리적인 문장으로 만들어 봅니다. 둘째, 그래프에 나타난 현상으로 나타나게 될 일들을 그 이유와 함께 예측해 봅니다. 셋째, 그래프에 나타난 의미나 현상으로 인한 문제와 해결 방안을 생각해 봅니다.

숫자로 표현한 통계 자료와 달리 그래프로 그리면 간격이나 크기 등을 어떻게 표현하느냐에 따라서 왜곡이 생깁니다. 통계 자료를 그래픽으로 그릴 때 일부를 빼거나 확대하거나 축소하면서 자료가 왜곡되고, 잘못된 해석을 낳을 수 있습니다. 세 가지 경우를 함께 살펴봅시다.

첫째, 막대그래프의 경우 눈금의 폭을 줄이면 차이가 적게 나는 것처럼 보여 문제가 됩니다. 아래 두 그래프는 동일한 통계를 바탕으로 그린 것입니다. 그런데 언뜻 보기에도 다릅니다. 두 그래프는

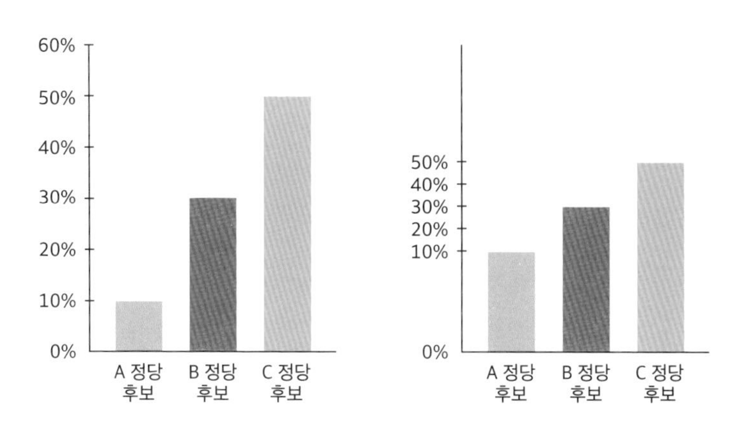

정당별 후보에 대한 선호율

모두 A, B, C 정당별 후보에 대해 사람들이 선호하는 비율을 보여 주고 있습니다. 그래프를 보면 C 정당 후보의 선호율은 50%이고, A 정당 후보의 선호율은 10%입니다. 따라서 C 정당 후보의 막대 높이는 왼쪽 그래프처럼 A 정당 후보의 5배가 되어야 정확합니다. 그런데 오른쪽 그래프처럼 그 차이가 크게 나지 않는 것으로 표현하면 사람들은 세 정당 후보에 대한 선호율 차이가 크지 않다고 생각할 가능성이 높습니다. 이 경우에는 거짓된 자료를 만들어 낸 셈이 됩니다.

둘째, 그래프를 그릴 때 누군가에게 유리한 자료만 일부 제시해 문제가 될 수 있습니다. 예를 들어 연도별로 비교할 때 꺾은선그래프에서 매해의 자료를 제시하지 않고 4년, 5년, 10년 등의 기간 차이를 두어 그린다고 해봅시다. 이 경우에 자신들에게 불리한 값이 있는 연도를 빼고 그리면 통계가 왜곡되는 것이죠.

정치에서 중요한 것은 5년 단위의 지지율이 아니라 대통령 선거나 국회의원 선거에서 누가 이겼는지, 그 시기의 지지율은 얼마인지 등입니다. 그런데 오른쪽 그래프에 나온 정보는 1995년, 2000년, 2005년, 2010년, 2015년, 2020년만 비교한 것이고, 2000년부터 A 정당의 지지율이 높습니다. 따라서 실제로는 B 정당이 선거에서 이겼는데도, 제시된 그래프만 본다면 모든 시기에 A 정당이 국민의 지지를 더 많이 받은 것처럼 오해하게 됩니다. 이처럼

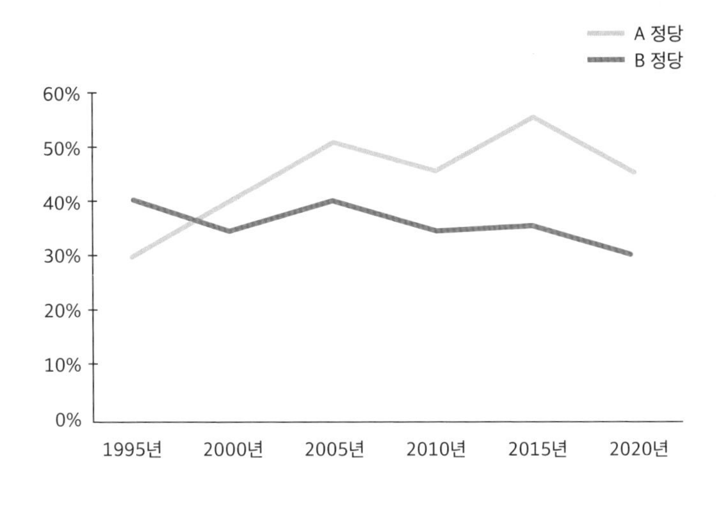

A, B 정당의 5년 단위 지지율

자신들에게 유리한 자료만 선택하고 불리한 자료를 제거해 그래프로 그리면 통계를 왜곡할 수 있습니다. 이 또한 거짓된 자료라고 보아야 합니다.

셋째, 지도나 이미지 등 인포그래픽으로 나타내는 경우에 통계가 왜곡될 수 있습니다. 인포그래픽이 활용되는 최근에는 통계를 나타낼 때 지도나 사람의 크기 같은 이미지로 나타내는 경우가 있습니다.

다음 그림을 볼까요? 그림은 2016년 미국의 대통령 선거에서 주별로 어떤 정당의 후보가 더 지지받았는지를 나타낸 지도입니

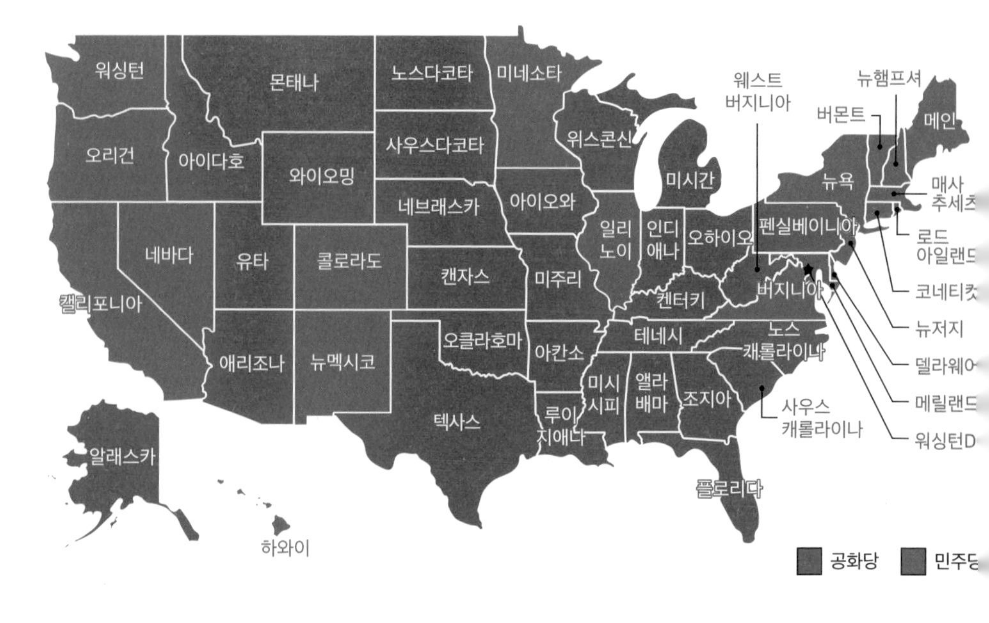

2016년 미국의 대통령 선거 결과

다. 민주당 후보가 더 지지받은 곳은 파란색, 공화당 후보가 더 지지받은 곳은 붉은색으로 표시했죠.

미국은 많은 주로 이루어진 나라고, 주마다 크기가 다릅니다. 그러나 크기가 큰 주에 더 많은 사람이 사는 것이 아니기에 더 많은 표를 받는 것은 아닙니다. 그런데 지도상에서 주별로 색깔을 표시하면 결국 면적이 큰 주에서 지지받은 정당의 후보가 더 유리한 것처럼 보이는 왜곡이 일어납니다. 붉은색으로 표시한 면적이 파란색으로 표시한 면적의 2배는 되어 보입니다. 실제 선거 결과는 어땠을까요?

2016년 미국의 대통령 선거에서는 실제로 붉은색을 상징하는 공화당의 후보가 대통령이 되었습니다. 그러나 큰 차이로 이긴 것은 아닙니다. 미국의 경우 주별 선거인단을 확보하는 것이 중요한데, 최종 결과를 보면 공화당 후보인 도널드 트럼프는 306명, 민주당 후보인 힐러리 클린턴은 232명의 선거인단을 확보했습니다. 공화당이 약 1.3배 더 많이 확보했죠.

그런데 왼쪽 그림은 공화당이 훨씬 더 많은 선거인단을 확보한 것처럼 오해를 불러일으킵니다. 이처럼 통계를 인포그래픽으로 표현하는 경우에 실제와 다른 양상을 보여 줘서 거짓된 자료가 될 수 있습니다.

인포그래픽을 정확하게 이해하려면?

요즘은 선거를 앞두면 다양한 여론 조사를 하고 이를 시각 자료로 제시하는 경우가 많습니다. 통계 수치를 간단한 그래프로 그려서 여론을 나타내지요. 이 과정에서 우리는 기억해야 합니다. 기사를 내는 신문이나 뉴스 등 많은 언론 매체가 정치적으로 중립적이지 않다는 사실을요.

언론 매체는 대부분 진보적이든 보수적이든 간에 정치적 성향을 가지고 있습니다. 이에 따라 정치나 선거와 관련한 통계를 조사하고 이를 시각 자료로 만들어 기사로 낼 때 자신들에게 유리한 방향으로 왜곡할 수 있습니다. 지금까지 살펴보았던 것처럼 왜곡된 인포그래픽을 제시하면 통계를 사용해 만든 뛰어난 가짜 뉴스가 됩니다.

따라서 다양한 기사 중에서도 정치나 선거 여론에 관한 기사에서 인포그래픽을 보게 되면 시각적으로 들어오는 정보만 봐서는 안 됩니다. 그 안에 들어 있는 수치와 내용을 정확하게 읽어야만 훌륭한 유권자이자 합리적인 선택을 하는 국민이 될 수 있습니다. 어떻게 해야 할까요?

첫째, 앞에서 배운 그래프 읽는 방법을 바탕으로 겉으로 보이는 형태나 수치만이 아니라 그 이면에 숨은 의미를 정확하게 파악합니다.

둘째, 자료의 출처 같은 정보를 정확하게 파악합니다. 또한 자료 중에서 빠진 부분은 없는지 확인하며, 왜곡될 가능성을 파악합니다.

셋째, 어떤 주제에 대해 하나의 기사만이 아니라 여러 개의 기사를 같이 살펴봅니다. 서로 다른 기사의 차이를 살피고 전체적인 경향을 파악합니다.

거짓말을 하는 사람도 나쁘지만, 거짓말에 속는 사람이 거짓말을 하는 사람을 만들어 냅니다. 그런 점에서 인포그래픽을 정확하게 이해하는 일이 중요합니다.

토론해 볼까요?

- 정치 여론을 알려 주는 그래프의 장점과 단점에는 무엇이 있을까?
- 기사에서 통계를 활용한 인포그래픽을 읽을 때 어떤 점을 유의해야 할까?

대통령 선거, 끊이지 않는 여론 조사 편향 논란

여론 조사와 오차범위

정화네 모둠은 선거에서 지지율 같은 통계를 만들어 내는 여론 조사에 관한 프로젝트를 하게 되었습니다. 뉴스를 보면 대통령 선거나 국회의원 선거를 앞두고 수많은 여론 조사를 하는 것을 알 수 있습니다. 선거 때 이외에도 다양한 여론 조사가 이루어지고 이를 바탕으로 통계를 계산해 냅니다. 좋은 통계 자료는 좋은 조사 활동이 먼저라는 점을 알 수 있습니다.

요즘은 중학생도 학교에서 다양한 프로젝트를 하면서 조사를 합니다. 무언가를 조사하기 위해서는 좋은 질문을 만드는 것이 중요합니다. 어떻게 묻느냐에 따라 사람들의 대답이 달라진다는 사실을 우리 모두 일상에서 경험해 알고 있으니까요.

정화네 모둠에서는 최근에 있었던 대통령 선거의 여론 조사와 관련한 뉴스 자료를 먼저 조사해 읽고, 모둠원이 토의하면서 세부 주제를 정하기로 했습니다. 자료를 조사하니 다음과 같은 기사를 볼 수 있었습니다.

- 대통령 선거 묻는 여론 조사에서 질문 입맛대로…
- 당선 전망, 지지 후보 묻는 내용에 따라 응답 달라…
- 대통령 선거 후보 지지율, 오차범위 내 접전…

대통령 선거에서 누구를 지지하는지 여론을 조사하는 이유는 누가 당선될 것인지를 미리 파악하기 위해서입니다. 여론 조사 결과에 따라 선거 전략이 달라질 정도로 선거에 미치는 영향이 매우 크죠. 그러니 여론 조사의 정확도는 매우 중요합니다. 문제는 무엇이 정확한 여론 조사인지 알기 어렵다는 점입니다.

대통령 선거와 관련해 '여론 조사', '질문 내용' 등이 들어간 기사를 꼼꼼히 읽고서 잘 이해되지 않는 내용을 바탕으로 질문을 만들어 보았습니다. 정화네 모둠이 만든 질문 목록을 살펴볼까요?

질문 목록

❶ 선거에서 여론 조사가 왜 중요할까?

❷ 좋은 질문을 만드는 방법이 있을까?

❸ 여론 조사마다 지지율이 다른 이유는?

❹ 오차범위는 무엇을 의미할까?

❺ 조사 방법을 왜 살펴야 할까?

#선거 #여론_조사 #조사_질문
#신뢰수준 #오차범위 #조사_방법

선거에서 여론 조사가 왜 중요할까?

우리나라는 대통령 선거를 무슨 요일에 할까요? 수요일입니다. 국회의원이나 지방자치단체장 등 선거를 하는 날은 대부분 수요일로 정해져 있습니다. 선거의 구체적인 날짜도 아예 법으로 정해 놓았습니다. 선거 날짜와 요일을 법으로 정한 이유는 무엇일까요?

우선 선거일이 왜 수요일인지 여러분이 답을 찾아보세요. 힌트는 국가에서 선거일을 공휴일로 삼는다는 사실입니다. 우리나라는 현재 주 5일제 노동을 하는 나라입니다. 선거할 권리인 선거권을 갖는 사람은 현재 만 18세 이상입니다. 선거권을 가진 사람은 대부분 주중에 일을 하거나 공부를 하는 등 일상적인 활동을 하지요. 그런데 선거일을 월요일이나 금요일로 정하면 주말까지 연휴가 되어 멀리 놀러 가서 선거하지 않을 가능성이 커집니다. 반면에 한 주의 중간에 해당하는 수요일로 정하면 하루만 쉬기 때문에 선거에 참여할 가능성이 높습니다.

선거 날짜를 미리 정하는 데도 이유가 있습니다. 선거 날짜를 특정 후보자에게 유리하게 정하지 못하도록 하기 위해서입니다. 선거의 경우 당일 날씨가 투표율에 영향을 미친다는 이야기가 있을 정도입니다. 그래서 '10월 둘째 주 수요일'과 같이 아예 특정 주를 특별히 정하는 것입니다.

결국 법으로 선거 날짜와 요일을 지정하는 것은 공정한 선거가 이루어지고 투표율을 높이기 위한 전략입니다. 왜 이런 전략을 사용할까요? 선거는 민주주의의 꽃이라고 부를 정도로 중요하기 때문입니다.

고대 아테네에서는 직접 민주주의를 했습니다. 이들은 어떻게 직접 민주주의를 할 수 있었을까요? 많은 노예가 대신해 수많은 노동을 했기 때문입니다. 자유민들은 오로지 자신의 삶에 중요한 것이 무엇인지를 놓고 길게 토론하면서 많은 선택을 직접 할 시간 여유가 있었습니다.

그러나 오늘날 우리 대다수는 공부를 하든 일을 하든 주어진 시간 안에서 무엇인가를 해야 합니다. 그러다 보니 어떤 정치적 선택이 나에게 유리한지 판단하는 데 필요한 정보를 구하고, 직접 선택하는 것이 어려워졌습니다. 그래서 나의 이익을 대신해서 전문적으로 정치를 해줄 대통령이나 의원을 선거로 뽑아야 합니다.

대의 민주주의 사회에서 선거는 나를 대신해서 일할 정치 일꾼을 뽑는 행위입니다. 그러다 보니 많은 사람이 선거에 참여해 대표를 잘 뽑는 것이 중요합니다. 선거 과정에서 나를 대신해서 잘 일할 사람인지를 판단하기는 쉽지 않습니다. 그래서 후보들은 어떤 일을 할 것인지 정책을 제시하고, 어떤 삶을 살아왔는지를 이야기하면서 자신을 뽑아야 하는 이유를 홍보합니다.

그런데 이런 경우가 생길 수 있습니다. 여러분이 대통령 선거에서 투표를 한다고 해볼까요? 대통령 후보로 10명이 나온 상태입니다. 내가 지지하는 사람이 2명 있습니다. 그런데 여론 조사 결과를 보니 각각 2순위, 6순위로 지지를 받고 있다면 어떨까요? 원래 6순위인 후보를 더 지지했더라도 2순위인 후보를 찍어야겠다고 생각할 것입니다. 한 표라도 더 얻어 1순위가 되어야 당선이 되니까요. 선거는 1등만 승리하는 비정한 게임입니다.

사람들은 내가 지지하는 후보의 현재 지지율이 어느 정도인지 알고 싶어 합니다. 후보도 마찬가지입니다. 나를 지지해 주는 유권자가 얼마나 되는지를 알고 싶어 합니다. 현재 2순위라면 어떤 정책을 내야 자신의 지지율이 올라갈지를 파악하고 전략을 세울 수 있으니까요.

이런 생각을 하면 대통령을 비롯한 정치인을 뽑는 일에서 여론 조사는 매우 중요합니다. 정치인을 뽑는 선거의 여론 조사 이외에도 다양한 정책이나 사회 문제에 국민으로서 의견을 내는 것도 중요합니다. 이 점에서 수많은 조사에 참여해 나의 의견을 당당히 밝혀야 합니다.

그런데 좋은 의견을 내기 위해서는 조사 자체가 공정하고 그에 따른 통계가 정확해야 합니다. 이를 위해 조사 과정에서 어떻게 질문할지가 중요하지요. 좀 더 알아볼까요?

좋은 질문을 만드는 방법이 있을까?

혹시 설문 조사나 질문지 조사, 여론 조사와 같은 것에 응답해 본 적이 있나요? 여러분도 학교에서 어떤 행사를 하거나 수련회를 갈 장소를 정할 때 학교에서 진행하는 설문 조사에 응답해 보았을 거예요. 그런데 조사에 응답하다 보면 간혹 이상한 질문도 있고, 내가 원하는 답이 제시되지 않은 경우도 있습니다. 일반적으로 여러분이 보았던 질문은 이런 형태로 생겼을 것입니다.

Q. 반장 선거에서 후보자의 어떤 측면을 가장 중요하게 고려해 투표할 것입니까?

① 능력 ② 성품 ③ 공약
④ 성적 ⑤ 친구 관계 ⑥ 기타

일반적으로 여론 조사를 포함한 많은 조사에서는 질문과 그에 대한 답으로 선택할 항목이 주어집니다. 사회학자나 정치학자는 좋은 조사를 위한 방안을 제시하고 있습니다. 조사를 위한 질문지를 만들 때 반드시 고려해야 하는 몇 가지를 알아보겠습니다.

첫째, 질문에서 묻고자 하는 것이 무엇인지 명확하게 드러나야 합니다. 예를 들어 "당신은 용돈을 얼마나 받습니까?"라는 질문을 봅시다. 이 질문에서 여러분은 '용돈'의 기준이 1주 동안인지, 1달 동안인지, 1년 동안인지 알 수 없어 혼란스러울 것입니다. 응답자가 질문의 내용을 마음대로 해석하거나 혼란을 느낄 만한 표현을 써서는 안 됩니다. 그래서 조사를 위한 질문에서는 필요한 경우에 명확한 기준을 제시해야 하고, 보편적이고 정확한 용어를 사용해야 합니다.

둘째, 질문에서 묻고자 하는 것만 판단하도록 간단하게 물어야 합니다. 예를 들어 "반장은 우리 반을 대표하기에 유능해야 합니다. 반장이 되기 위한 조건은 무엇이라고 생각합니까?"라는 질문을 봅시다. 이 경우에 두 문장으로 되어 있는 질문 중에서 앞 문장은 없어도 됩니다. 질문은 가능하면 직관적으로 선택할 수 있도록 간결하게 제시해야 합니다.

셋째, 질문에서는 응답자가 이해할 수 있게 쉬운 용어를 써야 합니다. 예를 들어 조사 대상이 초등학생인데, "당신은 자유학기제를 현행처럼 유지하는 것에 찬성하십니까?"라는 질문은 어려울 것입니다. 조사 대상의 수준을 고려해 용어를 선택해야 합니다. 특히 여론 조사는 누구나 이해할 수 있도록 쉽게 질문해야 합니다.

넷째, 질문 하나에 두 가지 이상을 물으면 안 됩니다. 예를 들어 "당신은 이번 여름방학에 어디로 얼마 동안 여행하고 싶습니까?" 라는 질문은 여행지와 여행 기간을 동시에 묻고 있습니다. 이 경우에는 "당신은 이번 여름방학에 어디로 여행을 가려고 합니까?"와 "당신은 이번 여름방학에 얼마 동안 여행을 가려고 합니까?"로 나누어 질문하는 것이 좋습니다.

다섯째, 질문을 할 때 특정 응답을 유도하거나 조사하는 사람의 가치가 반영된 의견을 제시해서는 안 됩니다. 예를 들어 "청소년 시기에 담배를 피우는 것은 나쁜 행위입니다. 담배를 피운 학생에게 학교에서 벌을 주는 것에 찬성합니까?"라는 질문을 봅시다. 이 경우에 담배를 피우는 것은 나쁜 행위라고 의견을 미리 밝히고 있습니다. 따라서 벌을 주는 것에 찬성하도록 의도하는 질문이라고 볼 수 있습니다. 앞 문장은 삭제하고 질문하는 것이 맞습니다.

여섯째, 응답 항목이 중복되거나 모호하게 제시되어서는 안 됩니다. 예를 들어 "당신이 평균적으로 하루 동안 핸드폰을 사용하는 시간은?"이라는 질문에 응답 항목이 "① 1시간 이내 ② 1시간 이상 1시간 30분 이내 ③ 1시간 30분 이상 2시간 이내 ④ 2시간 이상"이라고 생각해 봅시다. 만약 평균적으로 하루에 1시간 정도를 사용한다면 1시간 이내인 ①을 선택해야 할지, 1시간 이상이 있는 ②를 선택해야 할지 혼란이 생길 것입니다. 이 경우에는 응답 항목을 "① 1시간 미만 ② 1시간 이상 1시간 30분 미만 ③ 1시간 30분 이상 2시간 미만 ④ 2시간 이상"으로 고쳐서 정확하게 경계를 나누어야 합니다.

이런 경우도 있습니다. "당신이 좋아하는 문학 분야는?"이라는 질문의 응답 항목으로 "① 시 ② 소설 ③ 수필 ④ 추리소설"이 제시된 경우를 봅시다. 추리소설은 소설의 한 종류이기에 응답하는 사람은 ②와 ④를 다 골라야 하는지, 아니면 ②나 ④를 골라야 하는지 혼란을 느낄 것입니다. 이 경우에는 "④ 추리소설"을 빼는 것이 맞습니다. 또한 시, 소설, 수필 말고도 문학 분야는 다양합니다. 모든 항목을 다 나열하기 어려울 때에는 중요한 항목 위주로 제시하고 마지막 번호에 '기타'를 넣어야 합니다.

일곱째, 응답 항목에서 어떤 방향성을 제시할 때는 균형을 이루도록 구성해야 합니다. 예를 들어 "당신은 올해 학교 축제를 하는 것에 대해 어떻게 생각하십니까?"라는 질문의 응답 항목으로 "① 매우 찬성 ② 찬성 ③ 잘 모르겠음 ④ 반대"가 제시된 경우를 봅시다. 어떤 문제가 있을까요? '찬성'은 항목이 2개나 있는데 반대는 하나만 있습니다. 이 경우에 통계를 내면 혼란이 생깁니다. 그래서 "① 매우 찬성 ② 찬성 ③ 반대 ④ 매우 반대"처럼 양쪽의 방향을 고려한 항목을 동일하게 제시해야 합니다.

질문지를 만들 때 중요하게 여겨야 하는 사항을 살펴보았습니다. 배운 내용을 토대로 여러분도 어떤 내용을 조사하기 위한 질문지를 직접 만들어 보세요. 예를 들어 대통령 선거에 대한 질문지를 만들어 보면서 선거와 관련한 여론 조사 질문에서는 어떤 점을 특히 유의해야 할지 생각해 보세요.

여론 조사마다 지지율이 다른 이유는?

대통령 선거를 앞두고 후보들의 지지율을 알려 주는 기사를 보면 같은 후보인데도 지지율에서 많은 차이가 나는 것을 볼 수 있습니다. 선두를 달리는 두 후보의 지지율이 큰 차이가 나지 않는 경우에는 같은 날짜에 여론 조사를 했더라도 각기 다른 후보가 1위를 하기도 합니다. 왜 이런 일이 생길까요?

첫째, 조사 대상이 다르기 때문입니다. 여론 조사는 언론 매체나 후보가 속한 정당 등에서 전문적인 조사 기관에 의뢰해 이루어집니다. 'OO리서치센터'와 같은 이름을 가진 곳을 예로 들 수 있습니다. 이런 조사 기관은 여러 곳이 있어서 조사 기관마다 각각 조사를 진행합니다. 선거를 앞두고 많은 정당이 이들에게 여론 조사를 의뢰하면 여러 번 조사하는데 조사 기관마다 조사 대상이 다릅니다. 모집단에 맞는 표본을 조사 대상으로 정하지만, 조사 기관마다 표본을 정하는 방법에서 차이가 난다는 점을 고려해야 합니다.

둘째, 조사 질문이 서로 다르기 때문입니다. 지지율을 다룬 기사에서는 후보별 지지율을 헤드라인으로 제시하고, 우리도 그것만 확인합니다. 그런데 기사를 자세히 보면 해당 조사에서 어떤 내용으로 질문했는지가 나옵니다. 예를 들어 “당신은 이번 대통령 선거에서 누구에게 투표하시겠습니까?”라는 질문이 있는가 하면 “이번 선거에서 어떤 후보가 대통령에 당선될 것이라고 생각하십니까?”라는 질문도 있습니다. 또 “이번 선거에서 어떤 후보가 대통령이 되어야 한다고 생각하십니까?”라고 묻는 경우도 있습니다. 세 가지 질문은 사실 다 다른 것을 묻고 있습니다. 순서대로 내가 투표할 사람, 대통령이 될 가능성이 높은 사람, 대통령이 되면 좋은 사람입니다.

질문의 종류가 다르면 그에 따라 응답 결과가 달라집니다. 그런데 여론 조사 결과를 제시하는 기사에서는 질문에 응답받은 비율만 헤드라인으로 제시합니다. 그래서 후보마다 자신에게 유리한 질문을 했거나 자신이 1위를 한 통계 자료만을 제시해 자신이 다른 후보보다 더 유리하다고 연설하기도 합니다. 따라서 유권자들은 여러 기사를 함께 읽으며 정확하게 살펴보아야 합니다.

오차범위는 무엇을 의미할까?

대통령 선거를 앞둔 여론 조사에서 ‘박빙이다’, ‘접전을 이룬다’라는

조사 질문을 두고 힘겨루기를 하는 이유는?

우리나라는 여러 개의 정당이 존재하는 다당제 국가입니다. 선거에서도 정당마다 각기 다른 후보가 나옵니다. 대통령 선거에서는 10명 이상의 후보가 나옵니다. 그런데 보통 당선자는 1명만 뽑습니다. 따라서 여론 조사에서 1, 2순위의 후보를 내는 거대 정당에서는 자신들과 정책이나 주장이 유사한 소수 정당의 후보가 적을수록 유리합니다.

특히 두 거대 정당(여당과 제1야당)의 후보가 비슷한 지지율로 격돌할 때, 제3정당이나 무소속의 후보가 꽤 높은 지지를 받게 되면 두 거대 정당에서는 그 후보와 통합하려고 합니다. 지지율을 조금이라도 자기네 정당 후보에게 오도록 하기 위해서입니다. 이때 두 거대 정당 중 한 정당에서는 지지율이 높은 제3정당이나 무소속의 후보에게 후보 단일화를 제안합니다. 목표는 두 후보가 모두 선거에 나오는 대신 둘 중 한 명에게 표를 몰아주어 승리하는 것입니다.

보통 두 사람 중 누가 단일화 후보가 되어야 하는지 정하는 여론 조사를 합니다. 조사 결과에 따라 단일화 후보가 되면 선거에서 1등을 할 가능성이 높기 때문에, 어떻게 질문할 것인가를 두고 힘겨루기를 합니다. 서로에게 유리한 질문을 하려고 싸우다가 단일화를 하지 못하는 경우도 생깁니다. 이 경우를 보더라도 여론 조사를 위한 질문이 얼마나 중요한지를 알 수 있습니다.

표현을 사용하는 경우가 있습니다. 두 후보가 지지율에서 큰 차이 없이 앞서거니 뒤서거니 하는 상황을 나타낼 때 사용합니다. 그런데 통계에서는 '오차범위 안에 있다'라는 표현을 사용합니다. 혹시 처음 들어 보나요?

자, 그러면 통계에서 말하는 오차범위가 무엇인지 살펴보겠습니다. 선거는 18세 이상으로 선거권이 있는 사람이라면 누구나 투표할 수 있지만, 여론 조사는 그중 일부를 대상으로 조사합니다. 아무리 조사 대상을 모집단의 특성에 가깝게 선정한다고 할지라도 투표하는 사람과 여론 조사에 응답하는 사람은 같지 않습니다.

더구나 조사 기관이 전화를 걸어 지지하는 후보자가 누구냐고 물어볼 때, 응답하지 않고 전화를 끊어 버리는 경우도 많습니다. 결국 응답자는 줄어들고, 조사 대상의 대표성은 떨어집니다. 보통 우리나라에서는 선거와 관련한 전화 여론 조사에서 응답률이 높아야 15~20%이고, 1~2%처럼 낮은 경우도 있습니다. 응답률은 조사 기관이 조사를 위해 접촉한 대상 중에서 응답한 비율을 말합니다. 응답률이 낮을수록 조사 결과가 정확하지 않을 가능성이 큽니다.

어차피 응답률이 낮기에 조사 기관에서는 여론 조사 결과를 밝히면서 오차범위라는 것을 제시합니다. 예를 들어 "95% 신뢰수준에서 오차범위는 ±3.1%p입니다"라고 표현합니다.

일단 신뢰수준이라는 말부터 봅시다. 이것은 조사를 다시 했을 경우에 같은 결과가 나올 확률을 나타냅니다. 신뢰수준이 95%라면 같은 조사를 모집단 내 다른 표본을 대상으로 100번 했을 때 95번 정도는 같은 결과가 나온다는 뜻입니다. 간단하게 통계적으로 신뢰수준이 95% 이상이면 의미 있는 결과여서 받아들여도 된다는 것을 알려 주지요. 이 정도만 이해하면 됩니다.

자, 그러면 오차범위로 넘어가 볼까요? **오차범위는 조사 결과로 나온 값이 실제로 나타날 범위**를 말합니다. 오차범위는 통계적으로 계산하는 방법이 있는데, 전문적으로 여론 조사를 해 통계 결과를 밝힐 때 사용하니 그냥 이런 것이 있다는 것 정도만 알아도 괜찮습니다. 오차범위는 여론 조사에 따라 나타난 통계가 어느 구간에 있는지를 보여 줍니다. 예를 들어 대통령 선거의 여론 조사에서 A 후보의 지지율이 25%라고 합시다. 이때 오차범위가 ±3.1%p라면, A 후보의 지지율은 25-3.1%에서 25+3.1%의 범위에 있다는 뜻입니다. 오차범위를 고려하면 A 후보의 지지율은 21.9%에서 28.1% 사이에 있습니다.

그런데 이 경우를 한번 볼까요? 오차범위가 ±3.1%p인 여론 조사에서 A 후보가 28%, B 후보가 25%라고 합시다. 두 후보의 지지율을 비교할 때 A 후보가 B 후보보다 높다고 할 수 있을까요? 두 후보의 지지율 차이는 3%p이지만 이는 오차범위인 ±3.1%p보다 작은 수여서 사실 누가 더 높다고 예측하기 어렵습니다. 이 경우에 두 후보의 지지율은 오차범위 안에 있다고 보아야 하며 박빙이라고 말할 수 있습니다.

조사 방법을 왜 살펴야 할까?

예전에는 여론 조사 결과를 언론에서 제시할 때 조사 대상과 조사 방법, 신뢰수준, 오차범위 등을 정확하게 밝혀야 했습니다. 요즘은 선거관리위원회에서 여론 조사와 관련된 자료를 상세히 제시하고 있습니다. 기사의 경우 신뢰수준과 오차범위 등을 해당 기사에서 자세히 제시하고 있으니 꼭 살펴보아야 합니다.

여론 조사에서 이처럼 조사 방법이나 신뢰수준 그리고 오차범위를 자세히 알리도록 하는 이유는 무엇일까요? 잘못된 여론 조사 결과는 사람들이 오해하게 만들어 선거 결과를 왜곡시킬 가능성이 있기 때문입니다. 예를 들어 자신이 지지하는 후보자의 지지율이 낮은 경우에 '나 하나 투표하지 않아도 어차피 떨어질 거잖아'라고 생각할 수 있지요. 반대로 지지율이 높은 경우에 '나 하나 투표하지 않아도 어차피 당선될 거잖아'라고 생각할 수 있습니다. 그런데 이런 생각이 모이면 선거 결과가 달라질 수 있습니다.

실제로는 지지율이 낮은데도 조사 대상이나 질문을 특정 후보에게 유리하게 만들어 조사 결과에서 지지율이 높은 것처럼 나올 수도 있습니다. 이 경우에는 여론 조사가 왜곡된 것이기에 문제가 됩니다. 그래서 여론 조사에서 질문 내용이 무엇이고 응답률은 얼마나 되는지를 정확하게 확인해야 합니다. 보통 응답률이 15% 가까이 되어야 그나마 믿을 만한 여론 조사 결과라고 볼 수 있습니다.

오차범위를 밝히지 않으면 두 후보자가 오차범위 안에 있어서 실제로 차이가 없는데도 1, 2순위를 표시해 결과를 왜곡할 수도 있습니다. 그래서 여론 조사 결과에서는 지지율 이외에 오차범위도 같이 살펴봐야 합니다. 어느 범위에서 지지를 받고 있고 그 범위가 겹치면 두 후보자 간에 순위라는 것이 의미 없다는 생각을 할 수 있어야 합니다.

이처럼 선거를 앞둔 시기에는 여론 조사 결과가 사람들에게 혼란을 주거나 왜곡된 정보를 제공해 선거의 공정성을 훼손할 수 있습니다. 따라서 우리나라 선거관리위원회에서는 선거 당일을 포함해 일주일 전부터는 여론 조사 결과를 발표하지 못하도록 하고 있습니다. 일부에서는 이를 여론 조사 '깜깜이' 구간이라고도 합니다. 지지율을 알지 못하는 상황에서 투표하는 것이 더 혼란을 준다고 보는 것이죠.

이런 제도를 두는 것은 여론 조사가 공정성을 훼손할 수 있다는 가능성을 고려하기 때문입니다. 반대로 생각하면 선거를 앞두고 하는 여론 조사에 그만큼 문제가 있다고 볼 수도 있지요. 이제 기사에서 선거 후보의 여론 조사 결과가 나오면 그대로 믿지 말고 의심의 눈초리로 바라보세요. 그리고 조사 방법, 신뢰수준, 오차범위를 자세히 살펴봅시다.

토론해 볼까요?

- 우리나라 선거에서는 종종 후보 단일화로 자신이 지지하던 후보가 사라지기도 한다. 선거에서 후보 단일화는 적절할까, 아닐까?
- 우리나라는 여론 조사 발표를 금지하는 기간을 법으로 정하고 있다. 선거의 공정성과 국민의 알 권리 중 무엇이 더 중요할까?

치솟는 청년 실업률, 경제가 꽁꽁…

경제 활동 인구와 실업률

정화네 모둠은 사람들의 일과 소득, 사회 계층 등 일과 통계에 관한 프로젝트를 하게 되었습니다. 뉴스에서는 실업률, 고용률, 소득 분위 등 다양한 통계를 제시하고 있었습니다. 아직 학생이다 보니 일을 한다는 것이 먼 이야기처럼 보였지만, 언젠가 일하고 돈을 벌어야 한다는 점에서 관련 통계가 궁금해졌습니다.

일은 생계 수단이자 살면서 가장 많은 시간을 보내는 중요한 활동입니다. 그런데 일은 국가적 측면에서도 중요합니다. 일한다는 것은 생산의 과정이고 일해서 버는 소득으로 소비가 이루어지기 때문입니다. 그러다 보니 일과 관련한 통계 중 나라에서 관리하는 것이 많았습니다.

정화네 모둠에서는 일과 소득에 관한 기사를 살펴보고, 추가로 더 살펴보아야 할 통계를 정리해 세부 주제를 정하기로 했습니다. 정화네 모둠은 다음과 같은 기사를 찾을 수 있었습니다.

- 가사노동, 돈으로 환산하면?
- 청년 일자리가 없다. 실업률 얼마나…
- 청년 창업, 2년도 채 못 견디는 경우 많아…

정화는 청년 일자리가 없다는 뉴스를 듣고 많이 걱정했지만, 주변에서 학교를 졸업하고 취업한 사람이나 벤처 기업을 차리는 사람도 종종 보였습니다. 통계로 발표되는 실업률보다 일하지 않는 청년이 실제로 더 많다고 걱정하는 목소리도 들었습니다. 그러다 보니 통계로 나오는 실업률을 어떻게 계산하는지 궁금해졌습니다.

정화네 모둠에서는 '고용', '실업', '소득' 등과 관련한 기사를 꼼꼼히 읽고서 어렵거나 이해가 잘 안 되는 내용을 바탕으로 다음과 같은 질문을 만들어 보았습니다. 정화네 모둠이 만든 질문 목록을 살펴볼까요?

질문 목록

❶ 일한다는 것은?

❷ 일과 관련한 통계에는 무엇이 있을까?

❸ 한국의 청년 고용률과 실업률은 어떨까?

❹ 일하지 않고 행복할 수 있을까?

#일과_통계 #경제_활동_인구 #비경제_활동_인구 #고용률 #실업률 #체감실업률

일한다는 것은?

'일'이 무엇이냐고 물어보면 사람마다 다르게 답할 것입니다. "저는 공부하거나 집 청소를 하는 것도 일이라고 생각합니다." 이렇게 답하는 사람은 몸을 써서 무엇인가를 하는 활동을 일이라고 생각하는 것이지요.

"저는 회사에 취업해서 정해진 시간에 정해진 일을 하고 임금을 받는 활동을 일이라고 생각합니다." 이 사람은 누군가에게 고용되어 일하는 노동을 일이라고 생각하는 것입니다. 여기에는 청소년의 아르바이트도 해당합니다.

"저는 가게를 열어서 돈을 벌거나 창업하는 것이 일이라고 생각합니다." 이 대답은 누군가에게 임금을 받고 노동을 하는 것이 아니라, 스스로 주인이 되어 일하고 그 대가를 직접 가져가는 경우를 말합니다. 우리가 자영업자라고 하는 사람들의 일이지요.

실제로 일이라는 것은 매우 다양한 모습으로 나타납니다. 최근에는 특수고용직이라는 개념도 생겼습니다. 자신의 차나 오토바이 등을 가지고 배달 일을 하는 사람들을 생각해 봅시다. 이들 중 많은 이가 앱을 통해서 일을 찾지만, 배달하고 나서는 배달 수수료라는 일의 대가를 소비자에게 직접 받게 됩니다. 정해진 월급을 받는 것이 아니라 일한 만큼 돈을 번다는 점에서 자영업자와 비슷합니다. 그러나 특정 앱을 통해 일거리를 얻는다는 점에서 회사에 취직한 것과 비슷한 상태입니다. 자영업자면서 고용되어 노동하는 것과 비슷해 특수고용직이라고 합니다.

이런 경우는 어떨까요? 식구 중에 집안일을 도맡아서 하는 사람이 있다면 그 사람은 일하는 것일까요? 대가를 받아야만 일이라고 생각한다면 일이 아닐 것입니다. 그러나 몸을 써서 무엇인가를 하는 것이 일이라면, 집안일은 매우 중요한 일에 해당합니다. 기사를 찾아보니 가정에서 전업주부가 하는 일을 임금으로 계산하면 다음과 같았습니다. 2014년을 기준으로 3인 가족의 집안일에 대한 연봉(1년 동안에 받는 임금)은 2,132만 4,000원이었습니다.

이렇게 보면 일은 몇 가지 기준에 따라 구분할 수 있습니다. 첫째, 소득이 있는 일과 없는 일로 구분할 수 있습니다. 둘째, 일하는 기간이 잠시 동안인지 아니면 계속인지에 따라 구분할 수 있습니다. 셋째, 소득이 있는 일 중에서도 일한 대가를 회사에서 받는지 아니면 자신이 직접 받는지에 따라 구분할 수 있습니다. 소득이 없는 사람들도 다양합니다. 예를 들어 나중에 일을 하기 위해서 현재 공부를 하는 사람이 있습니다. 또한 일자리를 알아보면서 취업하려고 애쓰는 사람도 있습니다.

일에는 이처럼 다양한 모습이 존재합니다. 국가에서도 일의 양상을 조사하고 고용이나 실업에 대한 통계를 계산해 발표합니다.

일이라는 것이 개인에게는 시간을 보내고 생계를 잇기 위한 활동이지만, 국가에는 경제성장과 관련한 중요한 사항이기 때문입니다.

일과 관련한 통계에는 무엇이 있을까?

일과 관련한 통계를 보기 전에 퀴즈를 하나 내겠습니다. 돈을 버는 일에 나이 제한이 있을까요? 아니면 없을까요? 정답은 '있다'입니다. 아주 특별한 경우가 아니고는 세계적으로 15세부터 일할 수 있답니다. 우리나라도 마찬가지입니다. 15세가 안 되었는데도 탤런트나 가수로 일하고 돈을 버는 연예인은 보호자의 허락과 함께 특별하게 정부의 허락을 받은 경우입니다. 일과 관련한 정부 부처는 고용노동부여서 고용노동부 장관의 허락을 받아야 합니다. 보통 고용이나 노동 관련 업무를 하는 지방의 고용 노동 사무소에서 허락을 받으면 됩니다.

15세 이상이라고 해서 마음대로 일하고 돈을 벌 수 있는 것은 아닙니다. 15세에서 18세까지는 보호자의 허락을 포함한 몇 가지 서류를 준비해야 합니다. 근로기준법에 따라 성인과 달리 '연소자 노동'이라고 해서 일할 때도 많은 보호를 받습니다. 다만 일을 하고 받는 대가에서는 어른들과 차별을 받아서는 안 된다고 합니다.

정부에서는 일과 관련해 세 가지 중요한 통계를 사용합니다. 바로 고용률, 실업률, 경제 활동 참가율입니다. 각각을 구하는 수식을 볼까요?

$$고용률(\%) = \frac{취업자\ 수}{15세\ 이상\ 인구} \times 100$$

$$실업률(\%) = \frac{실업자\ 수}{취업자\ 수 + 실업자\ 수} \times 100$$

$$경제\ 활동\ 참가율(\%) = \frac{취업자\ 수 + 실업자\ 수}{15세\ 이상\ 인구} \times 100$$

매우 간단하지요. 그런데 취업자와 실업자의 수를 알아내는 일이 쉽지 않습니다. 자, 정신을 차리고 하나하나 살펴봅시다. 앞에서도 이야기했듯이 통계에서는 각 명칭에 속하는 구체적인 기준을 잘 아는 것이 중요합니다. 정부에서 이 통계를 구하기 위해서는 매년 취업자, 실업자, 15세 이상 인구의 수를 알아야 합니다.

우리나라 통계청에서는 공식 통계를 발표합니다. 통계청에서 하는 인구 관련 조사 중 대표적인 것이 10년 단위로 모든 국민을 조사하는 인구주택총조사입니다. 앞에서 배운 모집단과 표본을 떠올려 보세요. 인구주택총조사는 국민 전체가 모집단입니다. 다시 말해 모집단 전체를 대상으로 조사하는 것입니다. 이 조사는 연도의 끝자리가 0으로 끝나는 해에 합니다. 가구별로 이루어지니 아마도 여러분에 관한 조사는 여러분과 같이 살고 있는 가족 중에서 누군가가 대신 응답했을 것입니다.

또 다른 방법으로 1년이나 5년마다 국민 중에서 표본을 뽑아 조사하기도 합니다. 전국에 표본이 되는 가구를 뽑아서 통계청 조사원이 직접 방문하거나 인터넷으로 질문합니다. 두 가지 조사 모두에서 가족 전체의 '일'과 관련한 사항도 조사합니다. 이 결과를 바탕으로 일과 관련한 통계를 구할 수 있습니다.

이러한 조사 내용에서 "저는 취업 상태입니다"라거나 "저는 실업 상태입니다"라고 응답하지는 않습니다. 현재 나의 상황을 제시하면 그 상황을 보고 정부가 취업 상태, 실업 상태, 비경제 활동 인구 등을 판단합니다. 그래서 일상에서는 실업자라고 보지만 통계에서는 실업자가 아니기도 하고, 취업자 같아 보이지만 통계에서는 취업자가 아닌 경우가 생깁니다. 어떤 기준으로 결정되는지 같이 볼까요?

첫째, 일 관련 통계에서 취업자의 수는 어떻게 구할까요? 일반적으로 다음의 조건 중 하나를 만족해야 합니다. 가장 기본적인 것은 '조사 대상 기간에 일주일 동안 수입이 있는 일에 1시간 이상 종사한 사람'입니다. 그런데 이 외에도 '가족이 경영하는 농장, 식당, 사업체 등에서 직접 대가를 받는 수입이 없더라도 일주일에 18시간 일한 사람'과 '직업이나 사업체를 가지고 있지만 일시적인 병이나 사고, 교육, 노사분규 등의 사유로 일하지 못한 일시적 휴직자' 도 취업자입니다.

간혹 신문에 '일주일에 1시간만 일해도 취업자라니…'라는 제목의 기사가 나기도 합니다. 통계를 구하기 위한 취업자의 조건 때문입니다. 일주일에 1시간을 일하면 최저임금 1만 원에 가까운 돈을 벌게 되는데 이를 실업이라고 하지 않으니 비판의 목소리가 나오기도 합니다. 어쨌든 국가 통계에서는 돈을 받고 일주일에 1시간만 일을 했으면 취업자입니다.

둘째, 실업자 수는 어떻게 구할까요? 혹시 15세 이상 인구 중에서 취업자의 수를 뺀 수라고 생각하나요? 아닙니다. 통계에서 말하는 취업자의 조건처럼 실업자의 조건도 달리 정해져 있기 때문입니다.

통계에서 실업자는 조사 대상 기간에 '수입이 있는 일을 하지 않았으며, 지난 4주간 일자리를 찾아 적극적으로 구직 활동을 했던 사람으로서 일자리가 주어지면 즉시 취업이 가능한 사람'을 말합니다. 좀 복잡하죠. 이를 위해서는 조사 과정에서 '현재 수입이 있는 일을 하고 있는가?'에 아니라고 답하고, '지난 4주간 일자리를 찾아서 구직 활동을 했는가?', '일이 주어진다면 바로 일할 준비가 되어 있는가?'에 모두 그렇다고 답해야 실업자가 됩니다. 그러니 통계에서 실업자가 되는 것도 쉬운 일이 아닙니다.

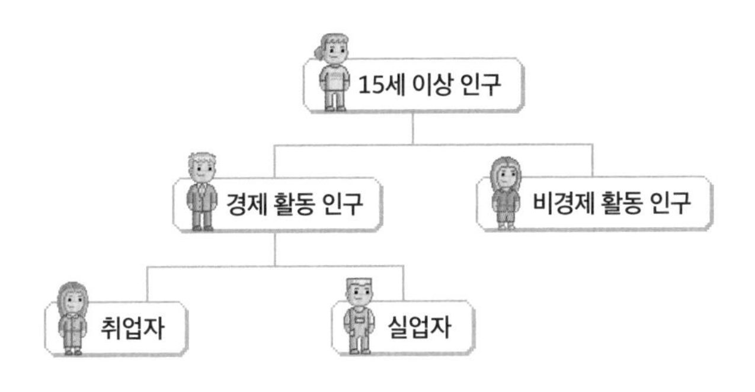

경제 활동 인구와 비경제 활동 인구

셋째, 경제 활동 인구와 비경제 활동 인구입니다. 취업자도 아니고 실업자도 아닌 사람은 뭐라고 부를까요? 바로 '비경제 활동 인구'라고 합니다. 반면에 실업자이거나 취업자인 사람을 합해 '경제 활동 인구'라고 합니다. 앞에서 일은 15세 이상만 할 수 있다고 했으니, 경제 활동 인구와 비경제 활동 인구를 합하면 15세 이상 인구가 됩니다. 이를 그림으로 나타내면 위와 같습니다.

넷째, 15세 이상 인구에 관해서도 살펴보겠습니다. 일과 관련한 통계에서는 15세 이상이라고 해서 모두 다 해당하는 것은 아니라는 점을 눈치챘나요? 기본적으로 15세 이상 인구는 나이가 만 15세 이상이어야 하지만, 여기에 현역 군인, 수감자, 외국인 등은 해당하지 않습니다.

자, 여러분이 현재 만 15세라면 여러분은 취업자, 실업자, 경제 활동 인구, 비경제 활동 인구 중에서 어디에 속할까요? 네, 그렇습니다. 여러분은 비경제 활동 인구에 속합니다. 여러분은 학생이기에 취업 상태도 아니고 실업 상태도 아니기 때문입니다. 그렇다고 군인이나 외국인도 아니니 15세 이상 인구이기도 합니다. 따라서 실업률에는 영향을 미치지 못하지만 고용률과 경제 활동 참가율에는 영향을 미치게 됩니다.

한국의 청년 고용률과 실업률은 어떨까?

여러분도 언젠가는 일을 하게 되겠지요. 그런데 뉴스에서 취업이 쉽지 않다고 많이 이야기합니다. 우리나라 고용률과 실업률이 어느 정도인지 궁금할 것입니다.

사실 고용률도 중요하지만, 실업률이 더 중요합니다. 정부에서는 일할 의사가 있는데도 일하지 못해 소득이 없는 사람들을 위해 다양한 정책을 제시해야 하기 때문입니다. 2021년 12월 우리나라의 실업률은 3.5%이고, 고용률은 60.4%였습니다. 이렇게만 보면 우리나라의 고용률이나 실업률이 높은지 낮은지, 그래서 문제가 되는지를 알 수가 없죠.

경제협력개발기구OECD에 속한 다른 나라와 비교해 보면 좋을 거예요. 왜냐하면 OECD는 말 그대로 세계 경제의 발전과 협력을 위한 국제기구니까요. 2022년 OECD 회원국은 38개국인데, 경제적으로 발전한 나라들이 대부분 속해 있습니다. OECD는 세계 경제와 관련해 교육, 노동, 고용과 실업 등 다양한 통계를 집계해 국제적으로 비교합니다. 다만 OECD 통계 자료일지라도 세부 사항에서 차이가 있거나 조건이 다를 수 있으니 내용을 잘 살펴보아야 합니다.

회원국을 대상으로 한 OECD의 2019년 통계를 보면, 고용률에서 우리나라의 경우 66.8%로 28위입니다. 고용률의 순위는 높을수록 좋습니다. 1위가 아이슬란드인데 이곳의 고용률은 84.1%에 달합니다. 우리나라와 차이가 크게 나지요. 당시 OECD 평균 고용률이 68.7%입니다. 우리나라의 고용률이 OECD 평균 고용률보다 1.9%p 낮습니다.

실업률 역시 OECD의 2019년 통계를 보면, 우리나라의 경우 3.8%로 25위입니다. 실업률의 순위는 낮을수록 좋습니다. 1위인 그리스가 17.3%로 우리나라와 차이가 많이 납니다. 또한 당시 OECD 평균 실업률이 5.4%이니 우리나라의 실업률은 그리 문제가 될 수준은 아니라는 점을 알 수 있습니다.

고용률은 높고 실업률은 낮은 것이 좋습니다. OECD 평균과 비교했을 때 우리나라처럼 고용률이 낮고 실업률도 낮다는 것은 아

통계를 국제적으로 비교할 때 조심할 점은?

OECD에서는 국가끼리 비교하는 통계를 많이 발표합니다. 이 통계를 보면 우리나라가 다른 나라에 비해서 어느 수준인지, 어떤 점에서 긍정적이고 어떤 점에서 부정적인지 알 수 있습니다. 그런데 문제점도 있습니다. 중요한 통계의 국제 비교가 종종 위험한 경우가 있거든요.

첫째, 모든 국가는 고유한 종교와 역사, 지형과 기후, 문화적 전통과 신념 등 각기 다른 모습을 가지고 있습니다. 같은 방식으로 통계를 계산했더라도 비교하기 어렵죠. 예를 들어 볼까요? 일정 연령이 되면 결혼이 자연스러운 A 나라는 전체 인구 중 결혼한 인구가 60%이고, 동거를 많이 하는 B 나라는 30%입니다. 두 나라 모두 이혼율이 3‰이라면 어느 나라의 이혼율이 더 높은 걸까요? 수치만 보면 두 나라의 이혼율은 동일하지만 실제로는 결혼한 인구의 비율이 낮은 B 나라의 이혼율이 더 높습니다. 이처럼 사회나 국가의 문화적 특성으로 나타나는 특징은 통계에서 잘 드러나지 않습니다.

둘째, 통계의 명칭은 같은데 계산하는 방법이나 조사 연령 등 세부적인 적용에서 달라지는 경우가 있습니다. 예를 들어 산업재해율을 구할 때 사용하는 산업재해 사고는 국가마다 정한 기준이 다릅니다. 이 경우에 통계만 보고 어느 나라가 높고 어느 나라가 낮다고 단순히 비교하는 것은 문제가 됩니다.

셋째, 나라마다 돈의 가치나 물가 수준이 달라서 비교하기 어려운 경우가 있습니다. 우리나라의 경우는 '원', 미국은 '달러', 유럽연합은 '유로',

중국은 '위안' 등 각기 사용하는 화폐가 다릅니다. 그리고 같은 회사의 햄버거일지라도 나라마다 물가 수준이 달라서 햄버거의 가격을 달러로 바꾸면 차이가 나기도 합니다. 그러다 보니 돈과 관련한 국제 통계는 대부분 달러로 환산해 제시합니다.

국제적으로 통계를 내고 비교하는 일은 필요합니다. 그러나 지금까지 살펴본 문제도 있다는 것을 기억하세요. 통계를 국제 비교하는 기사를 읽을 때는 세부적인 사항을 자세히 살펴보아야 합니다.

예 취업하려는 의사를 가진 사람이 적어서 생긴 결과라고 볼 수 있습니다. 앞에서 고용률과 실업률을 어떻게 계산했는지 떠올려 보면 이해가 될 거예요. 실업률에서는 취업자와 실업자를 합한 경제 활동 인구가 분모입니다. 취업자가 줄어들고, 취업 의사가 없어서 실업자로 계산되는 사람이 줄어들면 고용률이 낮으면서 실업률도 낮은 상태가 됩니다. 그래서 고용 지표를 알려 주는 통계에서는 실업률만 볼 것이 아니라 고용률도 같이 보아야 합니다.

그렇다면 뉴스에서 사회 문제라고 이야기하는 우리나라 청년 고용률과 실업률은 어느 수준일까요? 일단 우리나라에서 청년이라고 하는 연령은 15세부터 24세까지를 말할 때도 있고, 15세부터 29세까지를 가리킬 때도 있습니다. 이들 청년의 고용률과 실업률을 2020년 OECD에서 비교한 자료를 살펴봅시다.

아래 그림을 보면 15~24세 청년 실업률에서 OECD 평균은 17.5%, 우리나라는 10.5%로 우리나라가 7%p 낮습니다. 15~29세 청년 실업률에서 OECD 평균은 13.4%, 우리나라는 9%여서 4.4%p 낮습니다. 그런데 같은 해의 OECD 15~29세 청년 고용률 통계를 보면, OECD 평균은 50.8%, 우리나라는 42.2%로 8.6%p 낮습니다. 이를 고려하면 2020년 우리나라 청년의 경우도 OECD 평균과 비교해 고용률은 낮고 실업률도 낮은 편입니다.

우리나라 청년 고용률과 실업률에서 이런 양상이 나타나는 것은 학교에 다니는 학생이 많거나 고시 공부를 하면서 취업 활동을 아예 하지 않는 청년이 많기 때문입니다. 즉, 일하지 않더라도 실

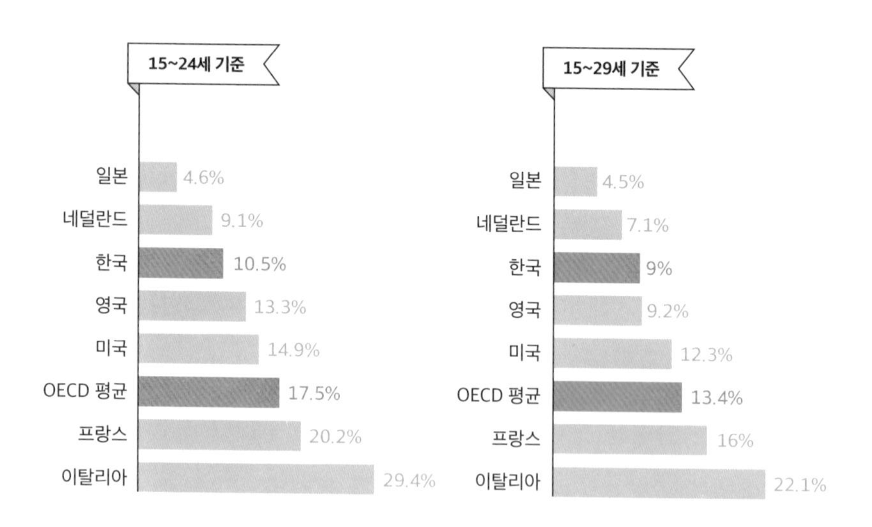

2020년 OECD 국가별 청년 실업률

업자에 해당하지 않기에 나타나는 결과입니다.

그래서 최근에는 공식적인 실업률과 달리 일하지 않는 사람들을 조금 더 정확하게 반영하는 체감실업률을 구하기도 합니다. '체감'이라는 표현은 우리가 몸의 감각으로 직접 파악할 수 있는 느낌을 말하는 것으로, 대략 상식적인 수준에서 인정할 만한 것이라고 생각하면 됩니다. 사실 체감실업률은 이해하기 쉽게 사용하는 표현이고, 공식 명칭은 확장실업률입니다.

앞에서 살펴본 고용률에서는 주당 1시간이라도 대가를 받고 일하면 실업이 아니었습니다. 그러나 이런 경우 일반적으로 취업자라기보다는 실업자라고 볼 것입니다. 우리나라에서 주 5일제로 하루 8시간을 일한다고 할 때 금요일에는 오전만 근무한다면, 일주일에 36시간 정도를 일할 수 있습니다. 이런 점을 고려해 **체감실업률을 구할 때는 '근로 시간이 주당 36시간 미만이면서 추가로 취업을 원하는 경우'나 '비경제 활동 인구 중 지난 4주간 구직 활동을 했지만 취업이 불가능한 경우'를 모두 실업자로 보고 계산**합니다.

체감실업률은 공식 실업률을 구할 때보다 당연히 실업자 수가 많습니다. 따라서 비율이 더 높아집니다. 기사에 따르면 15~29세 청년의 2019년 체감실업률은 22.9%이고, 2021년 상반기 체감실업률은 25.4%입니다. 2020년의 15세~29세 청년 실업률이 9%였던 것을 기억해 보면 체감실업률이 얼마나 높은지 알 것입니다.

우리나라는 청년의 체감실업률이 매우 높은 상태입니다. 이는 좋은 일자리를 찾지 못하기 때문입니다. 국가가 청년들이 일하길 원하는 일자리를 많이 만들어야 청년 실업 문제가 해결될 것입니다. 그래야 국가의 경제가 발전합니다. 더불어 청년들의 미래도 바꿀 수 있습니다. 좋은 일자리를 찾기 어려워지면서 일에 대한 청년들의 생각이 달라지고 있습니다. 다음의 경우를 볼까요?

첫째, 일을 하지 않는 삶을 추구하는 사람들이 생겼습니다. 바로 안티워크anti-work 운동을 하는 사람들로, 이들은 일하지 않고 편하게 사는 삶을 추구합니다. 취업해서 힘들게 일하며 돈을 버는 것보다 최소한의 먹을거리를 해결할 만큼의 적은 노동만 하려고 합니다. 많은 돈을 벌기 위해 노력하지 않겠다는 것입니다. 이렇게 생각하는 청년이 늘어나면 기업은 일할 사람을 구하기 어려워지고, 결국 국가 경제는 더 어려워집니다.

둘째, 젊었을 때 돈을 아끼면서 저축한 뒤 빨리 은퇴하는 삶을 추구하는 파이어족FIRE이 나타나고 있습니다. 이들은 일을 자기계발이나 성취감을 누리는 일상의 과정이라고 생각하지 않습니다. 단지 자유로운 삶을 살아가기 위한 돈을 모으는 과정이라고 봅니다. 그래서 젊을 때 일하며 많은 돈을 모아 경제적 자유를 누리겠다고 합니다.

그런데 두 경우 모두 놓친 점이 있습니다. 취업이든 창업이든 일은 다른 사람과 협력하면서 사람들의 필요를 채워 주는 매우 창조적인 행위입니다. 사실 아무리 돈이 많더라도 일하지 않는 사람 대부분은 허무함이나 지루함을 느낍니다. 수많은 로또 당첨자들이 얼마 안 가서 파산하는 이유도 마찬가지입니다. 국가가 좋은 일자리를 만드는 것만큼이나 개인도 일하면서 행복을 추구하는 삶을 기대할 수 있어야 합니다.

토론해 볼까요?

- 청년들을 위한 좋은 일자리의 조건은 무엇일까?
- 고용률은 높이고 실업률은 낮추기 위해 우리 사회에 어떤 변화가 필요할까?

나가며

통계를 이용해 미래를 예측해 보자

우리는 지금까지 뉴스에 등장하는 여러 주제와 관련된 통계 지식과 현황을 같이 살펴보았습니다. 정화네 모둠에서 프로젝트를 위해 자료를 찾고 만든 질문의 답을 고려해 본 내용이었지요.

생각해 보면 통계 자체가 중요한 것이 아닙니다. 무엇인가를 알기 위해 자료를 찾고 어떤 통계가 담겨 있는지 아는 것, 이때 중요하게 알아보아야 할 질문을 놓치지 않는 것이 중요합니다. 통계는 어떻게 이용하느냐에 따라 좋은 자료가 되기도 하지만 거짓말이 될 수도 있으니까요.

통계를 제대로 이용한다면 현재의 통계를 바탕으로 미래를 예측할 수 있습니다. 이런 일이 어떻게 가능할까요?

첫째, 오늘날 사람의 생각이나 의식을 조사해 그 경향성을 파악한 통계가 있기 때문입니다. 이를 활용하면 미래에 어떻게 될지 예상할 수 있습니다. 현재를 살아가는 사람들의 의식이나 생각이 바로 미래를 만드는 원동력이 되니까요.

둘째, 인구 조사로 만들어진 통계를 이용하면 앞으로 사회가 어떻게 바뀔지 예측할 수 있습니다. 대표적으로 출산율을 보면 앞으로 인구 구성이 어떻게 변할지 알 수 있지요. 특히 우리나라에서 10년 단위로 조사해 발표하는 인구주택총조사는 현재는 물론 미래를 내다보는 데에도 중요한 자료가 됩니다.

지금까지 함께 살펴본 내용 이외에도 다양한 통계가 있습니다. 미래 직업 세계의 변화와 나의 희망 직업, 제4차 산업혁명으로 인한 사회 변화 양상, 기후변화 예상 시나리오와 이를 막기 위한 방안 등 다양한 주제에서 관련 통계를 찾아보세요. 이를 바탕으로 미래를 예측하고 준비할 수 있을 거예요.

미래를 향해 나아가는 여러분의 걸음에 지금까지 읽었던 내용이 도움이 되길 기대합니다. 이제 여러분만의 통계 프로젝트를 시작해 보세요. 여러분의 여정을 응원합니다!

중학교

수학1

Ⅵ. 통계

1. 자료의 정리와 해석

수학2

Ⅵ. 확률

1. 경우의 수
2. 확률과 그 계산

수학3

Ⅵ. 통계

1. 대푯값과 산포도
2. 상관관계

사회1

Ⅹ. 정치 과정과 시민 참여

1. 정치 과정과 정치 주체
2. 선거와 선거 제도

사회2

Ⅶ. 인구 변화와 인구 문제

3. 인구 문제

정보

Ⅰ. 정보 문화

2. 정보 윤리

Ⅱ. 자료와 정보

2. 자료와 정보의 분석

고등학교

확률과 통계

II. 확률

1. 확률의 뜻과 활용

III. 통계

2. 통계적 추정

사회문화

I. 사회·문화 현상의 탐구

2. 사회·문화 현상의 연구 방법

정치와 법

III. 정치 과정과 참여

2. 선거와 선거 제도

3. 정치 주체와 시민 참여

기사

〈1명→24명 됐다고 2300%! 통계조작으로 한국을 '코로나 지옥' 만든 '기레기'의 난!〉, 뉴스프리존, 2020.12.22

〈60년대 '거지꼴 못면한다'→요즘 '혼자는 싫어요'〉, 대한민국 정책브리핑, 2005.09.18

〈[끝없는 집안일, 돈으로 환산하면? ①] 2014년 기준 1인당 연봉 710만원〉, 시사위크, 2018.10.09

〈대한가수협회 "악의적 공격에서 회원 지키겠다"〉, 조선일보, 2019.11.06

〈방송코미디협회, 개그 콘텐츠 직접 만든다… '우리는 개그맨이다' 론칭〉, MBN, 2021.11.09

〈불법체류자 성폭행 85% 증가… 소재파악 필요〉, 세계일보, 2018.10.01

〈위기 속에서 통계조사의 가치가 드러난다〉, 광주매일신문, 2020.10.14

〈중국, 온실가스 증가 없이 GDP 성장? 알고보니 통계 조작〉, 중앙일보, 2018.01.29

〈청년이 힘들다… 체감실업률 상반기 25.4%〉, 동아일보, 2021.11.14

〈[촌철살IT] 언론사 홈페이지에 뜬 포르노 광고… '빅데이터'는 알고 있다, 당신의 관심사를〉, 한국경제신문, 2019.01.04

논문

통계청, 인구동태 통계연보(총괄·출생·사망편), 2010

통계청, 장래인구추계: 2020~2070년, 2021

Mahood, W., Biemer, L. & Lowe, W.T., Teaching Social Studies in Middle and Senior High Schools: Decisions! Decisions!, Maxwell MacMillian International Pub. Group, New York, 290-317, 1991

웹사이트

경제협력개발기구 통계(OECD Statistics) stats.oecd.org

경찰청 www.police.go.kr

두산백과 두피디아 www.doopedia.co.kr

미국 존스홉킨스대학교 CSSE coronavirus.jhu.edu

시엔엔(CNN) edition.cnn.com

월드미터 www.worldometers.info

진로정보망 커리어넷 www.career.go.kr

통계청 kostat.go.kr

한국방송연기자협회 www.koreatv.or.kr

한국보건사회연구원 www.kihasa.re.kr

한국영화배우협회 www.movieactor.or.kr

숫자에 속지 않고 세상 읽기
통계 모르고 뉴스 볼 수 있어?

초판 1쇄 2022년 12월 6일

지은이 구정화

펴낸이 김한청
기획편집 원경은 김지연 차언조 양희우 유자영 김병수 장주희
마케팅 최지애 현승원
디자인 이성아 박다애
운영 최원준 설채린

펴낸곳 도서출판 다른
출판등록 2004년 9월 2일 제2013-000194호
주소 서울시 마포구 양화로 64 서교제일빌딩 902호
전화 02-3143-6478 **팩스** 02-3143-6479 **이메일** khc15968@hanmail.net
블로그 blog.naver.com/darun_pub **인스타그램** @darunpublishers

ISBN 979-11-5633-517-7 (43310)